油气管道水平定向钻回拖载荷预测技术研究

YOUQI GUANDAO
SHUIPING
DINGXIANGZUAN
HUITUO ZAIHE
YUCE JISHU YANJIU

蔡亮学　牛振宇·著

四川大学出版社

项目策划：孙明丽
责任编辑：梁　平
责任校对：孙明丽
封面设计：璞信文化
责任印制：王　炜

图书在版编目（CIP）数据

油气管道水平定向钻回拖载荷预测技术研究 / 蔡亮
学，牛振宇著．— 成都：四川大学出版社，2019.8
ISBN 978-7-5690-2979-6

Ⅰ．①油… Ⅱ．①蔡…②牛… Ⅲ．①石油管道—水
平—定向钻进—短期负荷预测—研究 Ⅳ．① TE973

中国版本图书馆 CIP 数据核字（2019）第 166032 号

书　名	油气管道水平定向钻回拖载荷预测技术研究
著　者	蔡亮学　牛振宇
出　版	四川大学出版社
地　址	成都市一环路南一段 24 号（610065）
发　行	四川大学出版社
书　号	ISBN 978-7-5690-2979-6
印前制作	四川胜翔数码印务设计有限公司
印　刷	郫县犀浦印刷厂
成品尺寸	170mm×240mm
印　张	13.5
字　数	256 千字
版　次	2020 年 3 月第 1 版
印　次	2020 年 3 月第 1 次印刷
定　价	58.00 元

◆ 读者邮购本书，请与本社发行科联系。
　电话：(028)85408408/(028)85401670/
　(028)86408023　邮政编码：610065
◆ 本社图书如有印装质量问题，请寄回出版社调换。
◆ 网址：http://press.scu.edu.cn

四川大学出版社
微信公众号

前　　言

　　《中长期油气管网规划》提出，到 2025 年中国油气管网规模将由 2015 年的 11.2 万公里增长至 24 万公里。大规模的油气管道建设正在推进，由于我国地形地貌变化多样，油气管道不可避免地要经过人工或天然障碍物，如山川、沟谷、河流、湖塘、公路、铁路等，一般可采用穿越方式通过。油气管道穿越施工技术有水平定向钻法、开挖隧道法、顶管法和大开挖法等，水平定向钻法具有对地表干扰小、施工速度快、穿越精度高、成本费用低等优点，在油气管道穿越工程中得到广泛应用，但目前仍存在较高的穿越失败率。因此，加强水平定向钻技术研究，为我国油气管网的规模化建设提供一种有力的技术手段是必要的。

　　预测回拖载荷是水平定向钻技术研究的重点之一，可以为穿越工程方案设计、钻机型号选择、施工过程中管道稳定性评价以及回拖减阻工艺制定等重要环节提供依据。因忽略某些影响因素或引入经验参数，现有的回拖载荷预测方法预测准确度与可靠性较低，难以满足实际工程需要。本书系统深入地研究回拖阻力的各项组成部分，贴近工程实际建立物理模型并推导出对应的数学模型，建立了一种新的回拖载荷预测模型，分析了预测计算所需初始参数的确定方法，并通过工程实例数据评价了本书预测方法的准确度与可靠性，讨论了各项初始参数对回拖载荷计算的影响规律、敏感性以及各项回拖阻力对回拖载荷的贡献权重，根据上述研究成果提出了穿越工程施工中安全可行的回拖减阻技术，最终基于三项水平定向钻穿越工程案例分析，探讨了三种地质条件下的施工技术难点与应对措施。

　　本书共 9 章：第 1 章介绍水平定向钻技术发展简史与水平定向钻回拖管道力学特性研究现状；第 2 章详细总结水平定向钻技术涉及的穿越方案设计原则、设备组成、施工工序以及工艺难点；第 3 章按照解析思路建立一种新的回拖载荷预测模型；第 4 章提出回拖载荷预测所需三项初始参数的确定方法，降低初始参数取值过程中的经验成分以提高预测模型的普适性；第 5 章基于所建立的回拖载荷预测模型编制应用软件，并基于两项水平定向钻穿越工程案例进

行验证分析；第 6 章采用有限元分析方法研究木楔效应现象，并考察管道几何尺寸、管材弹性模量、土壤物性参数、外载荷、扩径比、导向孔扁率等因素对木楔效应系数的影响规律；第 7 章通过特征参数影响规律分析、特征参数敏感性分析、各分项阻力对回拖载荷的贡献权重分析研究回拖载荷的动态变化规律；第 8 章在穿越工程选址、穿越方案设计、纠偏工艺、管道发送等环节提出减阻技术；第 9 章基于穿越工程案例总结长距离粉细砂层、岩石层及水网地区三种地质条件下的水平定向钻技术应用。

本书由西南石油大学蔡亮学与西安长庆科技工程有限责任公司牛振宇编写，第 1、3、4、5、6、7、8 章由蔡亮学编写，第 2、9 章由牛振宇编写。本书编写过程中使用了水平定向钻技术领域的标准规范与相关研究资料，在此向这些文献的作者表示感谢；同时感谢西南石油大学徐广丽对本书部分图件的绘制工作。

水平定向钻技术在油气管道建设领域的应用仍朝着广度和深度快速发展，书中涉及的内容也在不断更新，故本书所著内容有可能与目前工程现场的技术方法有所差别，望读者见谅。鉴于作者水平有限，书中难免存在谬误，恳请读者批评指正。

著　者
2019 年 5 月

目　　录

第1章 概 论

1.1 水平定向钻技术简介

1964 年，美国的 Martin 研制出第一台水平定向钻（Horizontal Directional Drilling，HDD）钻机并于同年成立了 Titan 建筑公司，经营加利福尼亚州首府萨克拉门托市的公路穿越建设，图 1-1 展示了当时的施工现场。1965 年，在当时的美国第一夫人 Bird 发起的"美丽工程"的推动下，Titan 公司得到长足发展，业务范围扩展至电力线路的地下安装。1971 年，Titan 公司首次成功穿越河流障碍，在帕哈罗河安装了一条排污钢管，管径 $D100\ mm$（4 in），穿越长度为 $220\ m$（615 ft）。Martin 于此年发表论文，公开了这一项新技术，从而为管道、电缆、光缆等穿越河流、建筑、公路、铁路和其他障碍物开辟了一条新的有效途径。此后，HDD 技术得到社会普遍认可并快速发展起来。

图 1-1 首台水平定向钻钻机施工现场

与传统开挖施工的管道穿越技术相比，HDD 技术在提高工效、缩短工期、降低造价、工程质量保证和环境保护方面都有不可比拟的优越性，特别是在黏土类、粉土类、沙土类或它们的混合地质条件下进行的油气管道的穿越施工具有很好的经济效益和社会效益。在可比性相同的情况下，采用 HDD 技术穿越障碍物敷设管道可以节省大量的人力物力，大幅度降低综合成本，而且管径越大、埋深越深，效益越明显。所以，其随后的发展异常迅猛。20 世纪 90 年代之前，全世界采用 HDD 技术完成的管道穿越超过 2400 次，铺管总长超过950 km。

HDD 技术应用领域广泛，*Underground Construction International* 杂志展开的第十九次美国 HDD 年度调查显示，2017 年 HDD 的应用市场构成前五名分别为供排水管道、通信电缆、天然气配送管网、电力电缆、油气管道，市场占有率依次为 28.9%、24.4%、18.4%、12.9%、10.2%。容易看出，石油天然气行业在 HDD 应用市场中份额高达 28.6%。在国内，地形地貌变化多样，大规模的油气管网建设需要实施大量的穿越工程，因此水平定向钻技术得到广泛应用，以川气东送管道工程为例，整条管线含有穿越工程共 143 处，其中采用 HDD 技术实施穿越共 66 处，比例高达 46.2%。

HDD 技术得到广泛应用的同时，也浮现出了大量问题。根据统计，HDD穿越工程中容易出现的八种事故类型顺次排序为跑冒浆、恶劣天气、跟踪设备问题、不明障碍物、钻具断裂、导向孔坍塌、钻杆弯曲与地下孔隙。目前HDD 穿越工程的事故率还维持在较高水平，在第九次美国 HDD 年度调查中，大多数接受调查者认为，水平定向钻还不是一种完美的方法。当问及承包商们对 HDD 设备供应商或服务商最大的期待是什么时，有 58.4% 认为是技术知识。可以看出，当前对 HDD 技术的深入研究还是相当匮乏的。另外，应用HDD 技术所造成的高事故率也导致其成本急剧增长。以美国为例，其安装300 mm 管径的管道平均费用为 233.18 美元/m。如果考虑事故因素，成本将远高于这一数值，如 1997 年 4 月某公司实施的黄河 HDD 穿越，在扩孔阶段出现卡钻事故，反转回拖时钻杆连接处松扣，导致 110 根钻杆与扩孔器埋于地下，直接经济损失达一百多万元。

目前，HDD 技术研究领域的重点也是难点之一为回拖载荷的预测。回拖载荷指在管道回拖阶段钻机需要提供的拉力，用于克服管道、土壤与泥浆相互作用产生的阻力，其大小受诸多因素影响，包括地层条件、穿越长度、扩径比、导向孔几何结构、回拖速率、泥浆流变特性、泥浆流量等。现有研究成果中已出现六种计算模型，且仅有一种方法较为系统地从理论角度研究了回拖载荷的计算。然而，这些方法给出的计算结果仅在管道回拖的终点与实测值有较好的一致性，不能给出通常在回拖过程中出现的最大载荷，导致无法判断钻机是否拥有足够推拉能力以完成管道回拖，容易出现卡钻事故。另外，由于缺乏对回拖阻力作用机理的深入研究，在 HDD 回拖阶段采取的减阻措施只能依靠施工经验，难以保证最优的减阻效果。因此，系统研究回拖过程中回拖载荷的预测理论、提供准确可靠的计算方法及最优的减阻工艺便成为 HDD 技术发展的迫切需要。

1.2　水平定向钻回拖管道力学特性的研究进展

1.2.1　回拖载荷预测理论研究

准确预测回拖载荷不仅为合理选择钻机提供依据，而且对于回拖减阻工艺研究也有重要指导意义。在现有的 HDD 回拖载荷预测理论中，回拖载荷的计算一般涉及三个方面：管道重量及由此引起的管土间摩擦力、导向孔方向改变引起的阻力与泥浆拖曳阻力。已出现的六种计算方法通过经验参数回归或理论推导分析的方法进行研究，研究中或许会忽略部分因素的影响，也可能会通过引入经验参数进行分析。

（1）Driscopipe 模型。

回拖载荷计算软件 Phillips Driscopipe 采用的计算方法即为 Driscopipe 模型，该软件针对 PE 管的回拖安装进行计算。它在垂直平面内将整条穿越曲线简化为一系列首尾相连的直线段，并基于各管段的长度和倾斜角度分别对其进行力学计算，考虑的力包括管道重量及浮力、管土间摩擦力。计算从待回拖管道在地面上拖动开始，按各管段依次进入导向孔的顺序进行逐步计算。此方法未考虑导向孔方向改变引起的阻力以及泥浆拖曳阻力。

（2）Drillpath 模型。

Drillpath 是一个支持三维模型的计算程序。与 Driscopipe 模型相比，Drillpath 模型还考虑了绞盘效应（Capstan Effect）的影响，该效应属于导向孔方向改变引起的阻力效应之一。另外，此模型将方位角纳入计算中。此方法忽略了管道弯曲效应引起的阻力。

（3）AGA 模型。

AGA 模型是美国天然气联合会（the American Gas Association）在 1995 年发行的 HDD 指南书中提出的一种模型。该模型假设导向孔曲线由一系列直线段和曲线段组成；管道回拖时导向孔的直径比管径大 30 cm（12 in）左右；导向孔中充满泥浆且给定其密度；用于计算泥浆剪切阻力的剪切应力已知。该模型还认为最大回拖力出现在最后一段管道拖入导向孔时，且其最大轴向载荷从回拖牵引点开始沿管道方向逐渐减小，在管道的拖入点，轴向载荷为 0。此方法未考虑地表面管土之间的摩擦阻力。

（4）ASTM 模型。

美国材料与试验协会（ASTM）在其发布的标准 ASTM F 1962−11 中提供了一种回拖载荷的计算方法。该模型忽略管道抗弯刚度的影响，并且假定管道出土点与入土点之间高差为零、穿越曲线中间段为水平直线，考虑的阻力作用包括管土摩擦、滑轮效应与泥浆拖曳。此方法仅给出四个关键点处的回拖载荷且未考虑管道弯曲效应引起的阻力。

（5）CNPC 模型。

《油气输送管道穿越工程设计规范》给出了一种计算回拖载荷的经验公式。假定管道沿直线拖动，通过引入等效阻力系数与黏滞系数两项经验系数分别计算管道重量引起的管土摩擦力与泥浆拖曳阻力，两者求和即得回拖载荷值。该方法简单易用，但模型过度简化，与实际情况相去甚远，在规范中建议采用计算值的 1.5~3 倍作为参考值。此外，在实际使用时，推荐的经验系数取值范围过宽，主观因素对计算结果影响很大。

（6）Polak 模型。

Polak 等人从理论分析的角度研究了回拖载荷的计算方法。Polak 模型假设：①穿越曲线结构为由已知离散点构成的折线；②土壤作为刚性体支撑着管道；③管道通过拐角处时发生弯曲，弯曲程度取决于导向孔直径、管径与管道的抗弯刚度；④每个拐角处的管段处于力平衡状态。分析中涉及了回拖载荷计算的三项分力，详细给出了弯曲段阻力效应即管道弯曲效应（Stiffness Effect）与绞盘效应的计算方法，并基于牛顿流体在同心环形空间中的层流稳定流动假设计算了泥浆拖曳阻力。由此模型得出的在回拖过程终点的载荷预测值与实测结果有很好的一致性，但在回拖过程中预测趋势与实测结果的一致性较差。

根据以上分析，六种回拖载荷预测模型中前五种采用经验方法进行分析，Polak 模型则采用理论方法进行研究。HDD 穿越工程的地质条件千变万化，相应穿越方案也是多种多样，因此大量经验参数的引入会限制预测方法的准确度与可靠性。理论分析法尚有大量可修正之处，以泥浆拖曳阻力为例，在 Polak 给出的实例计算中，泥浆拖曳阻力占总回拖载荷的 0.11%，而在

Baumert 进行的第 16 号 HDD 安装实验中，泥浆拖曳阻力占总回拖载荷的 77%。

1.2.2 回拖载荷影响因素研究

纵观上述六种 HDD 回拖载荷预测模型，分析中涉及大量特征参数，可概括分为三类：工程设计参数、穿越地层地质参数与施工工艺参数。其中，工程设计参数包括穿越曲线结构、扩径比、管道与钻杆的材料物性，穿越地层地质参数包括管土摩擦系数、土壤物性，施工工艺参数包括泥浆流量与流变参数、泥浆密度、回拖速率、导向孔扁率。对这些特征参数的研究不仅有助于了解回拖阻力的组成及相应贡献权重，提高预测模型的准确度，而且对进一步修正理论预测模型进而得到一种符合实际工况的回拖载荷预测模型有重大的指导意义。

（1）穿越曲线结构。

穿越曲线结构定型于工程设计阶段，涉及的关键内容包括钻孔轨迹形式、造斜点、曲线段曲率半径等。穿越曲线结构对回拖载荷有重要影响，根据 Baumert 的实验观察，曲线段与回拖载荷峰值的出现紧密相关，Polak 与 Lasheen 基于其分析方法考察了曲线结构对回拖载荷的影响，在拟定的五种曲线结构中，回拖载荷最大值为 20.59 kN、最小值为 7.73 kN，相差近三倍之多。

根据穿越地层的地质条件，现有的穿越曲线设计方法分为垂直平面法、斜平面法与动态规划法，垂直平面法适用于不存在障碍物的地层穿越，斜平面法适用于存在单个障碍物且所铺设管线段要求为直线的地层穿越，动态规划法则适用于存在多个障碍物的地层穿越。三种方法均在二维平面内进行，所得曲线由直线段与曲线段组成。此外，穿越曲线的优化设计也是一项重要内容，现有方法以钻孔长度最短或钻进台时数最少作为优化目标，运用最优化理论对入口段与出口段进行优化设计。

曲线段的曲率半径对回拖载荷影响较大，取值是否合理对 HDD 成功穿越至关重要。根据《石油和天然气输送管道穿越工程设计规范》，穿越管道敷设的最小曲率半径应大于 $1500d_p$。何利民与高祁总结曲线段弯强的计算方法，认为合理的孔身极限弯强需要通过比较分析四方面的极限弯强之后才可确定，即孔底动力钻具顺利通过的孔身极限弯强、钻柱安全工作的孔身极限弯强、管道安全工作的孔身极限弯强、每度造斜费用最低的孔身极限弯强。

总结上述分析，目前穿越曲线设计的研究涉及大量经验成分，在穿越曲线结构对回拖载荷的影响方面缺乏深入分析。穿越曲线的优化研究仅从数学角度出发以长度最短或台时数最小为目标对入口段与出口段进行优化，由于不同地层对回拖载荷的影响差别很大，因而在优化设计中考虑地质条件因素的影响极有必要。另外，现场施工中实际穿越曲线偏离设计值不可避免，根据施工经验一般要求在 1～3 根钻杆内纠偏 0.3～0.6 m，应根据穿越曲线结构对回拖载荷的影响规律研究合理的纠偏工艺。

（2）扩径比。

扩径比为导向孔直径与回拖管道直径之比。根据提出的回拖载荷预测方法，Polak 与 Chu 分析了扩径比对回拖载荷的影响，取值小于 1.5 时扩径比的变动对回拖载荷影响极大，大于 1.7 时变动扩径比对回拖载荷计算结果影响不大。中国石油天然气管道科学研究院通过现场实验来测试扩径比对回拖载荷的影响。实验中采用的管道为 D159 mm 钢管，第一次回拖时导向孔直径为 183 mm，由于钻机回拖力小（仅为 5 t），回拖至 15 m 时就出现钻机回拖不动的情况；第二次同样回拖 D159 mm 钢管，导向孔轨迹和第一次试验基本一致，其直径为 D259 mm，结果顺利回拖钢管 60 m，且回拖力很小。可以看出，扩径比对回拖载荷有重要影响。

目前，扩径比的确定完全依靠施工经验，《油气输送管道穿越工程施工规范》认为扩径比与管道直径有直接关系，并给出了对应关系，如表 1－1 所示。

表 1－1　最小扩孔直径与穿越管径关系

管径 /mm	最小扩孔直径 /mm
<219	管径+100
219～610	1.5 倍管径
>610	管径+300

图 1－2 为德国 LMR Drilling GmbH 穿越公司近 20 年来实施的 151 例 HDD 穿越工程所用扩径比与安装长度的对应关系。从图中可以看出，LMR 公司在穿越工程中采用的扩径比以 800 m 为界呈阶梯状分布，安装长度小于 800 m 时扩径比取值范围为 1.2～2.6，大于 800 m 时为 1.3～2.0。

（3）管土摩擦系数。

土壤与构筑物之间的界面特性问题在 1930—1960 年期间得到广泛研究，这一时期对于摩擦系数的研究主要通过涉及界面破坏，如打桩、沉井等过程的现场测试来进行分析。

Potyondy 通过实验研究界面剪切强度，分析、总结了影响摩擦系数的各种因素，包括构筑物材料的表面粗糙度、界面含水量、含尘量、湿度、温度、氧化程度、剪切速率、颗粒度分布、振动与法向载荷。Potyondy 采用界面摩擦角与土壤内摩擦角的比值、界面黏着力与土壤黏聚力的比值来表述界面摩擦系数。

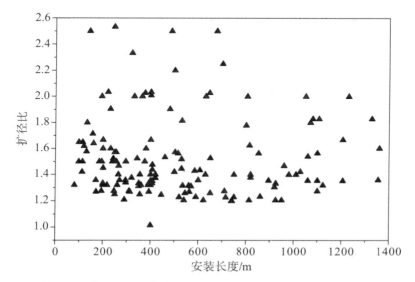

图 1-2　德国 LMR 穿越公司所用扩径比与安装长度的对应关系

随着油气工业的发展，摩擦系数多通过可控的实验进行研究。Maidla 与 Wojtanowicz 研究了偏斜井钻进中的摩擦系数问题，重点研究在存在泥饼的情况下钢与砂岩、石灰岩间的摩擦系数，推荐取值范围为 0.2~0.3，并且发现水基泥浆与油基泥浆在导向孔中的拖曳机理明显不同。这一时期，也有研究者将泥浆中的润滑添加剂纳入摩擦系数的研究。Bol 指出，润滑添加剂的使用可显著降低摩擦系数，但作用效果随泥浆密度的增加而降低，当泥浆密度高于 1500 kg/m³ 时，润滑添加剂不再显现减阻效果。

HDD 应用中，管道材料、土壤类型、泥浆压力与黏度等因素明显区别于油气钻井领域，摩擦系数也因此不同。针对 HDD 的特殊工况，Conner 的实验研究了石墨铸铁管、HDPE 管与砂层、黏土层之间的摩擦系数，实验中考虑了土层含水量、管道表面处理情况以及是否使用泥浆的影响。EI-Chazli 等人认为 Conner 分析钻进液影响的方法不符合实际工况，且所得数据散落，没有规律性，随后他们通过自制设备发展了 Conner 的研究，在实验中考虑到了钻进液在孔壁附近渗漏失水形成泥饼的影响，并严格控制钻进液的制备工艺，

分析表明钻进液的制备时间对摩擦系数有重要影响。

在回拖载荷预算模型中，管土摩擦系数细分为两种，即地表面管土摩擦系数 μ_g、导向孔内管土摩擦系数 μ_b。对于 μ_g 的取值，ASTM 推荐采用 0.5，当采用滑轮减阻措施时则取 0.1；Baumert 认为减阻措施起决定性作用，推荐取值范围 0.1～0.5；Chehab 则认为与管道材料、土壤类型及含水量、减阻措施有关，并给出推荐值范围 0.1～0.8。Huey 等人建议 AGA 模型中 μ_b 采用 Maidla 等人给出的推荐值范围 0.21～0.3，此数值范围来自 Louisiana 海湾沿岸的某处油井钻探，根据钻杆从深度 3435 m 位置回拖通过 S 型钻孔至 2929 m 处这一过程中的数据得出，在 HDD 设计计算中得到广泛采用。EI-Chazli 的实验结论指出：存在泥饼时 μ_b 的取值范围为 0.2～0.5；ASTM 推荐取用 0.3；Polak 在其模型的实例计算中将摩擦系数取为 0.3 与 0.5，结果表明两摩擦系数取 0.5 时回拖载荷预算值更接近实测值。

Baumert 通过引入阻力经验系数将回拖载荷回归为安装长度的函数，根据 19 组 HDD 安装实验的数据，给出平均阻力经验系数为：粉砂质黏土层 0.26 kN/m，砂层 0.4 kN/m，砾石层 0.4～1.2 kN/m。

（4）泥浆流变特性。

目前钻进液/泥浆流变特性的实验研究集中于钻井领域，针对 HDD 的研究较少。Hemphill 等人对钻进液的流变特性进行了实验检测，研究指出：Bingham 塑性流体模型仅在高剪切速率下（300～600 rpm）与实验结果有较好的一致性，幂律流体模型则在低剪切速率下（0～100 rpm）与实验结果偏差较大，H-B 流体模型与钻进液流变曲线的实验结果一致性很好。

Kelessidis 等人根据实验数据指出温度对膨润土-水混合液、膨润土-褐煤-水混合液的流变特性有重要影响，H-B 流体模型可很好地拟合实验数据；随后继续研究 pH 值与电解质对膨润土-水混合液的影响，分析指出回归的 H-B 模型中的三个参数随 pH 值的变化存在上限值，而对于电解质含量则呈单调减小趋势。Kelessidis 等人还分析了流变参数取值对水力学分析如压降损失、表观黏度等特征参数的影响规律，研究发现水力学特征参数的计算结果对流变参数的取值非常敏感，流变参数的微小变化均可引起水力学参数的大幅变化。

钻进液进入导向孔后，与钻屑混合生成泥浆，其流变特性与钻进液有较大差别。针对 HDD 的特殊工况，Ariaratnam 等人实验分析了泥浆的流变特性，采用 FANN 35A 流变仪分析含有泥土泥灰岩钻屑的膨润土基泥浆，实验表明：钻屑含量对泥浆流变特性影响很大；幂律流体模型、H-B 流体模型与结果有很好的一致性，但泥浆存在 1.84 Pa 的屈服应力值。

在 HDD 研究领域，泥浆压降损失计算与回拖载荷预测均涉及流变参数。Haciislamoglu 与 Langlinais 通过数值模拟方法分析了环形空间的偏心率对流体速度、黏度曲线与压降梯度计算的影响，分析中采用的流体模型为 H−B 流体模型。

Hair 在分析孔底泥浆压力时将泥浆在孔底的流动简化为 Bingham 流体在同心环形空间中的流动，根据泥浆流量计算平均流速并据此进一步计算相应的压降。Ariaratnam 等人实验分析了含有泥土泥灰岩钻屑的膨润土基泥浆的流变特性，实验表明幂律流体模型、H−B 流体模型与结果有很好的一致性，但在压降损失计算中依然采用了 Hair 的计算方法。

Chin 指出根据平均流速与表观黏度计算压降损失的方法得不到准确结果，计算中存在一个根本性的错误，即将实验获取的标准流变数据用于分析导向孔孔底非牛顿流体的流变特性。他认为应采用数值方法得到流体的流场分布，并据此选用合适剪切速率范围内的流变数据。

Baumert 等人通过比较分析现有的泥浆压降损失计算理论，推荐采用 Baroid 提出的方法，根据两平行板间 Bingham 流体层流流动的理论分析推导，从而获得压降梯度的计算公式：

$$\mathrm{d}p/\mathrm{d}l = \frac{47.88 \cdot (PV \times v_{\mathrm{a}})}{(D_{\mathrm{B}} - d_{\mathrm{p}})^2} + \frac{6 \cdot YP}{D_{\mathrm{B}} - d_{\mathrm{p}}} \tag{1-1}$$

式中，$\mathrm{d}p/\mathrm{d}l$ 为压降梯度，Pa/m；PV 为塑性黏度，Pa·s；YP 为屈服应力，Pa；v_{a} 为平均流速，m/s；D_{B} 为导向孔直径，m；d_{p} 为管道外直径，m。

但 Baumert 等人认为将不同剪切速率下流变数据回归的流变参数用于压降计算的差别很大，压降计算中应使用低剪切速率下实验数据回归的流变参数，并给出了计算实例。实例参数为直径 127 mm 的管道在泥浆流量为 760 L/m 的工况下回拖至直径 229 mm 的导向孔中，表 1−2 给出了计算结果。

表 1−2　Bingham 塑性流体模型参数及压降计算结果

转子转速/rpm	塑性黏度 /cP	屈服应力 /Pa	平均流速 /m·s^{-1}	压降梯度 /Pa·m^{-1}
300、600	21	32.6	0.44	1960
6、100	93	6.3	0.44	560

在回拖载荷的预测中，泥浆流变性的研究工作致力解决泥浆拖曳阻力的求解问题。目前泥浆拖曳阻力的计算有两条思路：一是经验法，根据施工经验直接给定管道外表面的泥浆剪切应力值，或者基于活塞效应，根据导向孔孔底泥

9

浆压降计算泥浆拖曳阻力；二是解析法，分析泥浆在导向孔中的流动规律，得出管道外表面剪切应力的计算公式。直接给定泥浆剪切应力值的方法简单易用，但主观因素过高，难以适应千变万化的 HDD 穿越工程；管道在导向孔中的运动明显区别于汽缸的工作原理，活塞效应求解泥浆拖曳阻力的科学性仍待进一步论证。运用解析法求解泥浆拖曳阻力合理可行，但研究工作尚未完成，采用何种流变模型分析泥浆流动、根据流变实验数据如何回归流变参数是目前研究工作的关键。

1.2.3 减阻工艺研究

结合工程实践经验，穿越工程的操作人员提出多种减阻技术，如合理搭配钻具组合、采用架空发送法或管沟发送法发送管道、注水平衡管道、增大扩孔直径、充分发挥泥浆的护壁润滑作用等。

（1）泥浆工艺。

某水平定向钻黄河穿越工程中，由于多次试钻的导向孔相距过近，扩孔时泥浆沿试钻的导向孔绕流，导致部分导向孔段坍塌，钻柱被细砂抱紧而卡钻。这表明只有正常的泥浆循环才能发挥护壁作用。

西安未央湖附近某天然气管线穿越工程，管道拖入约 90 m，穿过松散沙砾石层时，导向孔中停止返浆，同时回拖力持续增大直至超出钻机最大推拉能力，导致卡钻。随后重新选择穿越位置进行施工，并在导向孔钻进至松散沙砾石层时采取注浆固孔工艺，而后顺利完成了穿越工程。这表明泥浆在回拖过程中对管道的润滑作用不可忽略。

海河下游某穿越工程在黏土层中钻进导向孔时，由于阻力过大无法继续钻进，经分析是由于地层存在自造浆现象致使泥浆黏度过大引起卡钻，随后向泥浆池中注水降低泥浆黏度，顺利解决卡钻问题。这表明将泥浆黏度控制在合理范围内才能有效发挥润滑作用。

（2）管道发送技术。

肖瑞金等人总结了管沟发送法、发送架发送法两种管道发送方法，管沟发送法可用于出土端地势平坦，土质为粉土、粉质黏土或砂质粉土等，且地上地下无障碍物、取水方便的穿越工程；对于出土端地形复杂或土质较差的穿越工程宜采用发送架发送管道。两种发送方法都可有效减小管道与地表面间的摩擦阻力，且管沟发送法优于发送架发送法。

伊犁河穿越工程回拖管道时，结合管沟发送法与吊管机起吊管道两种方法发送管道，顺利完成了总安装长度为 1057 m 的中细砂层地质条件下大口径管

第 1 章 概 论

道（φ1067×28.6 mm）的安装。

叶文建结合自身多年从事水平定向钻施工的经验，总结了动态注水平衡减阻技术，讨论了注水量、注水时机、注水位置等关键问题的确定方法。由于导向孔内管道重量及由此引起的管土摩擦力是回拖阻力的重要组成部分，该方法可有效减小回拖载荷。尼罗河水平定向钻穿越工程发生卡钻事故后，就采用该技术顺利完成了第二次穿越的管道回拖。

（3）其他减阻措施。

某水平定向钻黄河穿越工程在扩孔阶段发生卡钻，其原因为两个直径相同的刀式与桶式扩孔器之间堆积了粗砂、砾石等粗颗粒，与两个扩孔器构成一个栓塞而导致卡钻。这表明不合理的钻具搭配可增大拖动阻力，应根据地层条件选择合适的扩孔器及施工工艺。

双台子河穿越工程中扩孔阶段发生卡钻，原因为穿越地层在扩孔施工扰动下产生液化，导向孔坍塌抱死钻柱。采取了减少预扩孔次数、降低扩孔器对孔壁的扰动破坏的措施，从而顺利完成穿越工程。

尼罗河水平定向钻穿越工程发生卡钻的原因之一是实际导向孔曲线偏离设计曲线，呈"S"形分布，回拖时增大了管土间摩擦力，第二次穿越施工时将扩孔孔径由 864 mm 增大至 965 mm，顺利完成管道回拖。这表明增大扩径比可有效降低回拖载荷。

蔡巍与林晓辉采用球孔扩张理论分析扩孔器端面的扩张应力，并据此推导给出了扩孔器工作过程中承受的阻力与力矩，通过遗传算法以阻力与力矩最小为目标函数对扩孔器形状、尺寸进行了优化。

综合上述分析可以看出，工程实践得出的减阻技术缺乏统一的指导思想，工艺措施散乱分布于穿越施工的各个阶段。此外，上述减阻技术多用于应对事故工况，由于缺乏对回拖阻力作用机理与回拖载荷动态特性的了解，如何制定正常工况下的回拖减阻工艺无能为力。因此，深入分析回拖载荷的产生机理，并据此在选择穿越地层、设计穿越曲线、确定扩径比、发送管道、应用泥浆工艺等环节制定相应的减阻工艺，具有较高的工程应用价值。

1.3 本书主要研究内容

纵观水平定向钻回拖载荷预测的研究进展，目前各种分析方法尚未全面分析各项回拖阻力作用，尚缺乏一种能够全面考虑各项影响因素的回拖载荷理论分析模型，以致施工中各项工艺的制定仅能依靠实践经验。本书全面研究回拖

11

阻力各项组成部分的作用机理，详细给出回拖载荷的理论分析方法，并据此讨论各影响因素对回拖载荷的影响规律，指导现场施工工艺的制定。具体研究内容如下：

（1）水平定向钻回拖载荷预测理论研究。

讨论回拖阻力的各项组成部分，简要介绍现有的各种计算方法并评价各自的可靠性。从三个方面进一步发展 Polak 等人提出的预测模型：采用 Winkler 土体模型描述土壤，回拖过程中土壤提供弹性支撑；采用幂律流体模型描述泥浆，考虑泥浆流动的非线性特性；将钻柱承受的阻力纳入分析，求解钻机活动卡盘处的回拖载荷。在回拖载荷计算中首次引入木楔效应系数表征土壤对管道的包夹作用，推导并给出回拖载荷预测模型的物理模型与数学模型。

（2）预测模型所需初始参数的确定方法。

提出根据水平定向钻穿越工程的开挖观测数据确定导向孔扁率的计算方法。分析相关因素对泥浆流变特性的影响，研究流体模型、流变参数、分析方法对导向孔孔底泥浆压力分布规律的影响。总结管土间摩擦系数的分类及相关实验研究工作，基于本书预测模型研究并根据回拖载荷检测数据回归管土间摩擦系数的计算方法。

（3）水平定向钻回拖载荷动态特性研究。

分别基于塑料管与钢管 HDD 穿越工程的数据，采用提出的预测模型系统考察各项特征参数（分为工程设计参数、穿越地层地质参数与施工工艺参数三类）的影响规律；在各项参数的合理变化范围之内，研究回拖载荷计算结果对诸特征参数的敏感性；分析回拖阻力的各项组成部分对卡盘处回拖载荷的贡献权重。

（4）管土相互作用的数值模拟研究。

采用数值模拟软件 ANSYS 研究木楔效应现象，分析外载荷、土壤物性、扩径比、导向孔扁率等参数对木楔效应系数与管道位移的影响规律，并与平面应变分析方法的计算结果进行对比。

（5）水平定向钻减阻工艺研究。

根据回拖阻力的作用机理与回拖载荷的动态特性分析，在穿越地层的选择、穿越方案的设计、纠偏工艺、管道的发送方法、泥浆工艺的应用等环节探讨安全可行的减阻技术，并给出定量分析，为现场操作人员能够选用合理的减阻技术与工艺参数提供指导。

第 2 章　油气管道水平定向钻穿越技术

水平定向钻技术主要用于穿越河流、湖泊、建筑物等障碍物，敷设大口径、长距离的石油和天然气管道。水平定向钻施工时，按设计的钻孔轨迹，采用水平定向钻技术先施工一个导向孔，随后在钻柱的端部换接大直径扩孔钻头和直径小于扩孔钻头的待敷设管线，在扩孔回拖的同时，将待敷设的管线拖入导向孔，完成敷管作业。有时根据钻机的型号和待敷设管线的直径大小，可先进行一次或多次扩孔后再回拖已试压、检漏合格的管段。在钻进过程中，多数工作是通过回转钻杆柱来完成的，钻机的扭矩与轴向给进力和回拖力同样重要。

水平定向钻技术是一种经济实用，且管道埋深可以达到安全可靠目的的敷管方法，宜作为油气管道穿越工程的第一优选方法。水平定向技术的优点为：对地表的干扰较小；施工速度快；可控制敷管方向，施工精度高。水平定向钻的不足之处在于：对施工场地要求较大，在砾石层中施工比较困难，一般不适用于成孔困难的地层；由于受到探测器的探测深度的限制，定向钻进的深度有限。

2.1　一般规定

（1）采用水平定向钻技术敷设的油气管道应按免维护进行设计。

（2）划分水平定向钻穿越工程等级有利于工程管理的精准控制，按照穿越长度与穿越管径可划分为大型、中型、小型三类，具体划分依据如表 2-1 所示。此外，在水域实施的水平定向钻穿越工程等级划分还需参考穿越水域的水文特征，具体划分依据如表 2-2 所示。

表 2-1 水平定向钻穿越工程等级划分

工程等级	穿越管道参数	
	穿越长度 /m	穿越管径 /mm
大型	≥1500	不计管径
	不计长度	≥1219
	≥1000～<1500	≥711
中型	<1000	≥711～<1219
	≥800～<1500	<711
小型	<800	<711

表 2-2 水域水平定向钻穿越工程等级划分

工程等级	穿越水域的水文特征	
	多年平均水位的水面宽度 /m	相应水深 /m
大型	≥200	不计水深
	≥100～<200	≥5
中型	≥100～<200	<5
	≥40～<100	不计水深
小型	<40	不计水深

(3) 适宜水平定向钻穿越的地质条件包括黏土、亚黏土、成孔性能稳定的砂层和软岩石层等，不适宜的地质条件包括卵石层、松散状砂土或粗砂层、砾石层与破碎岩石层等。对于出土点或入土点侧含有卵砾石等不适合水平定向钻施工的地质条件，宜采用套管隔离、注浆加固或开挖换填等措施处理地层。

(4) 穿越管道中心线与地下管线、通信线路或动力电缆间的垂直距离（采用有线控向系统）应大于 15 m，以避免地下管线和电缆产生磁场而干扰地下仪表单元的传感器，使测量误差增大。

(5) 在穿越长度和工艺条件允许的情况下，穿越管道曲率半径应尽量取大一些，曲率半径不宜小于 1500D（D 为穿越管道结构外径尺寸），且不应小于 1200D。

(6) 穿越的入土角和出土角应根据穿越地形、地质条件、穿越管径、穿越长度、管道埋深以及弹性敷设条件来确定，一般入土角控制在 6°～20°，出土

角控制在 $4°\sim12°$ 为宜。

（7）水平定向钻穿越施工前，应有地质详勘报告，地质详勘报告至少提供以下资料：勘探点平面布置图、工程地质剖面图、工程地质柱状图、原位测试成果图表和室内土工实验成果图表等。勘察数据包括取样深度、含水量、饱和度、颗粒度、标准贯入数、液性指数、塑性指数、液限、塑限等，如有岩石层需提供岩芯采收率、无侧压极限应力、岩石硬度和强度。

（8）水平定向钻穿越河流等水域时，穿越段管顶最小埋深不宜小于设计洪水冲刷线和规划疏浚线以下 6 m，且管顶距河床底部的最小距离不宜小于穿越管径的 10 倍。穿越铁路、公路、堤防建（构）筑物时，穿越段管顶埋深应符合铁路、公路、水利等相关部门的规定。

（9）施工其他方面要求：施工前应制定环保措施，并报相关部门批准；开钻前，应认真检查设备是否正常、各仪表是否准确、钻具是否有缺陷，确保扩孔及回拖中设备运转正常，同时确认配置泥浆的水源是否充足；施工过程中，特别是扩孔回拖过程中，要确保联络畅通，特别要确保钻机工地与管线工地的实时联络。

2.2 水平定向钻设备组成

水平定向钻系统一般由钻机系统、控向与造斜系统、钻具、泥浆系统、回拖系统、动力系统和辅助系统组成。

（1）钻机系统。

钻机系统是整个定向钻进系统的核心，主要由底座、钻机架、活动卡盘和控制室组成，如图 2-1 所示。

图 2-1 钻机系统构成

①钻机架底座。钻机架底座一般分为两节，使用时两节连在一起。其上有行程齿条轨道、人行道、扶手栏杆等。底座后底部有支撑腿，其上端与底座铰链联结，下端与钢垫块相连，垫块坐落在地面上或固定在专用拖车上。底座上配有两个液压管钳（卡盘），一个固定在底座前端，另一个可以沿底座两侧滑轨前后移动，从而实现钻杆的螺纹连接与拆卸。后支撑腿高度可调，从而可以改变入土角度。

②钻机架。钻机架带有行程驱动系统，由齿轮与钻机底座内侧的齿条啮合。它由液压马达通过齿轮副驱动，在底座上前进后退。全部液压马达的驱动均配有刹车、起动弹簧、液压断开装置等。钻机架的主要作用是为导向孔的钻进提供顶力、为管道回拖提供拉力。

③活动卡盘。活动卡盘安装在钻机架前端，由液压马达驱动，通过控制系统控制，可以使钻杆产生不同的转速和扭矩。

④控制室。控制室有各种控制仪表、显示仪表和计算机系统，用以控制钻机架和转盘的速度与方向、远程控制泥浆泵、远程操作管钳（卡盘），还可对钻机推拉力、转盘扭矩和泥浆泵的压力排量进行调节。

（2）控向与造斜系统。

水平定向钻的控向方式分为有线控向和无线控向两种，无线控向系统（见图 2-2、图 2-3）只适用于短距离、浅层穿越，配合中小钻机使用，其特点是控向方便、准确，但受穿越深度和地形的限制，一般使用较少。

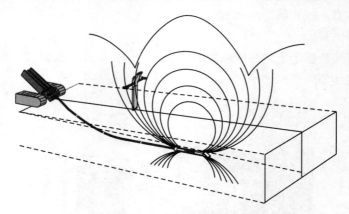

图 2-2　无线控向应用示意图

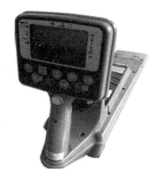

图 2-3 无线控向系统设备

有线控向系统适用于长距离、深层穿越，配合大型钻机使用，主要包括三部分：探头、控向软件和连接转换设备。

探头用于测量磁方位角和孔斜角。探头结构主要由一个三轴磁强计、一个三轴重力加速计、数模转换器和计算电路组成。三轴磁强计用于测量磁场矢量，三轴重力加速计用于测量重力场矢量。

控向软件用于计算探头所在位置的里程、高程和左右偏差值。控向软件依据磁场矢量算出磁方位角，依据磁场矢量和重力场矢量算出孔斜角。

连接转换设备是将探头在孔下测量的数据传输到地面，提供给计算机中的控向软件。

有线控向系统的探测工具是电子仪器，能探测出一个与大地磁场之间的磁偏角（控制左/右）和仪器的倾斜角（控制上/下），其精确度在很大程度上依靠当地地磁场的变化。当有较大的钢构件（桥梁、钢板桩、其他管线等）、电力线路等时，就会影响当地的地磁场，导致计算机反映的磁偏角与实际不符，左右出现偏差。地面信标系统（Tru-Tracker system，如图 2-4 所示）就是在管道穿越的中心线上加一个人工、可计量的磁场来消除不稳定因素造成的磁场变化对控向仪器的影响。因为该磁场是稳定可控的，所以能最大限度地提高导向精度。

图 2—4　Trutrack 地面信标系统工程应用

　　有线控向设备多采用英国 Sharewell 公司生产的 MGS 定向系统，并采用地面信标系统配合 MGS 系统进行准确跟踪定位。

　　造斜是实现管道曲线穿越的关键所在，纠偏是在实际钻进曲线偏离理论曲线时所采取的技术措施，造斜和纠偏由造斜工具来实现。造斜工具有两种：造斜短接（造斜弯节）和造斜偏块。造斜短接是将两端有斜口和螺纹的短管节，装在钻头后面（见图 2—5）。钻进时，若只给进而不旋转钻杆，作用于造斜短接上的反力使钻头改变方向，实现造斜钻进；若同时给进和旋转钻杆，造斜短接失去方向性，可实现保直钻进。造斜偏块是加在钻头后面钻杆上的半圆形金属块（见图 2—6），它的工作原理是改变钻杆受到的侧向力而造斜。注意，当地质条件为岩石地貌时，在造斜短接与钻头之间，需安装泥浆马达驱动钻头旋转，切削岩石。

图 2—5　造斜短接与钻头

图 2-6 造斜偏块

（3）钻具。

常用的钻具有钻头、泥浆马达和钻杆。常用的水平定向钻钻头有铣齿钻头、牙轮钻头和金刚石钻头，它的外径比钻杆的外径要大。在岩石地层，使用泥浆马达可以有效地减小钻头前进所需的推力。水平定向钻所使用的钻杆与普通钻井用的钻杆相同（见图 2-7）。

图 2-7 水平定向钻钻杆

对不同的地质条件，钻导向孔时可以选用不同的钻具组合。如：12″钻头 +6.5″泥浆马达+5″钻杆+6.625″S-135 钻杆组合，可以克服地质密实等不利条件，顺利完成导向孔的钻进过程；12″钻头可以钻出更大的孔，泥浆马达可以在很小的推力作用下实现控向，6.625″钻杆可以承受比5″钻杆达2倍以上的推力。当钻杆长度很长且遇到较大推力时，钻杆受压容易失稳，这时合理组合钻具就显得尤为重要。

①钻杆直径愈大，其受压时稳定性越好，6.625″钻杆所能承受的推力为5″钻杆的2.5倍，故可选择抗压稳定性良好的6.625″钻杆。

②在钻杆中间加上扶正器（见图2-8），并在扶正器上开几个小水眼。由于扶正器的外径比钻杆的外径稍大，比钻头的外径稍小，在钻进过程中扶正器可以将已经收缩的导向孔扩大，扶正器上的小水眼可以喷射泥浆，使孔壁保持润滑，有效地防止导向孔收缩抱住钻杆，避免造成阻力增大。

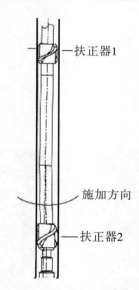

图 2-8　扶正器及其安装位

③在长距离导向孔的钻进过程中，钻导向孔最好使用泥浆马达和大钻头。使用泥浆马达可以有效地减小钻头前进所需的推力，使用大钻头可以在孔壁与钻杆之间产生更大的环形空间，以有效地减少因孔壁收缩卡住钻杆的可能性。这时钻导向孔的钻具组合可为：12″铣齿钻头＋6.5″泥浆马达＋7″无磁钻铤＋5″钻杆＋6.625″钻杆。控向工具安置在7″无磁钻铤中，12″钻头可以钻出更大的孔，钻杆与孔壁之间的环形空间也更大，有利于钻杆在其间穿行，泥浆流动也更平稳，减少了泥浆对孔壁的冲刷，对孔壁的稳定特别有利。但应注意，由于泥浆马达价格昂贵，使用寿命短，一般在地质条件为岩石地貌时使用。

（4）泥浆系统。

在穿越施工中，泥浆主要用于护壁、携砂、润滑，保证施工的正常、顺利进行。水平定向钻穿越过程中需使用大量泥浆，主要用于：水力喷射切割，给泥浆马达提供能量，润滑钻头，携带钻屑到地面，固孔防塌。

泥浆系统主要由泥浆配制容器、泥浆泵、泥浆管线、泥浆回收池和泥浆回收系统组成。泥浆回收系统由振动筛、除砂器和除泥器组成，用于分离出钻屑等固体杂物，便于泥浆的回收利用（见图2－9）。

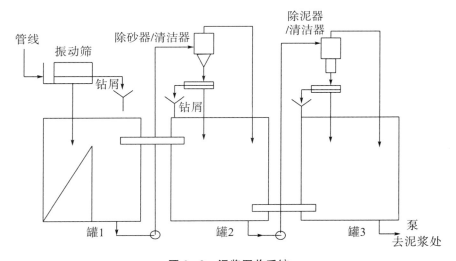

图 2－9 泥浆回收系统

水平定向钻穿越泥浆需求量大，在正常情况下，泥浆排量是固相切削量的2倍，但对一些地质情况复杂、难度大的工程，泥浆排量可能超过 1 m³/min，这时现场泥浆的配置速度就跟不上泥浆排量的需要，为了解决这些问题，穿越施工常用的方法是增加泥浆循环罐的个数、多加较为昂贵易溶的增黏剂、少加膨润土等，这样大大增加了施工成本。

为解决上述问题，可采用泥浆快速水化装置，其原理是：在高功率剪切泵的作用下，泥浆经喷嘴产生高速射流，使泥浆在密闭的圆柱形罐中翻腾，加强泥浆的水化分散。另外，经喷嘴高速射出的泥浆因体积的突然膨胀而使泥浆颗粒撕裂水化，同时高速射出的泥流产生水切力，起到搅拌泥浆的作用。快速水化装置的水力搅拌比机械叶轮搅拌的剧烈程度高，大大缩短了泥浆的水化时间，配浆速度由原来的 10 m³/h 提高到 40 m³/3h（黏度在 70 s 时）。这样，既保证了泥浆的供浆速度，又保证了泥浆的流变性能，大大节约了水平定向钻穿越的施工成本。

根据穿越施工所要通过的地层地质情况，如黏土层、淤泥层、砾石层以及粉土淤泥层的特点，可适时调整泥浆的配方，根据地层和地质特性的不同使用不同的配方，充分发挥泥浆在穿越施工中的作用。同时，配合泥浆的使用，在施工中加入水平定向钻携砂剂和增黏降失水剂，可收到良好的效果。

例如：在导向孔通过黏土层时，采用4％土加0.1％的水平定向钻携砂剂和0.1％的水平定向钻增粘降失水剂，使定向钻孔在这种地层基本上能有规律地完成。

在粉土和淤泥地层的预扩孔和回拖以及洗孔阶段，采用5％土加0.1％的水平定向钻携砂剂和0.1％的水平定向钻增黏降失水剂，能保证这些工序顺利完成。

在黏土层的预扩孔阶段，采用5％土加0.3％的水平定向钻增黏降失水剂。

在淤泥地层的预扩孔阶段，采用5％土加0.05％的水平定向钻携砂剂和0.2％的水平定向钻增黏降失水剂。

在全部为砾石层的情况下，采用6％土加0.03％的水平定向钻携砂剂和0.15％的水平定向钻增黏降失水剂。

这些旨在优化泥浆性能的技术措施的应用，极大地提高了穿越的成功率。

（5）扩孔与回拖系统。

回拖是管道穿越施工中的最后一道工序。必须充分考虑泥浆、扩孔直径、扩孔井壁的条件，科学设定回拖力，尤其是在大口径和大倾角管道穿越的情况下，必须建立合理的回拖工具和回拖助力系统。

扩孔由扩孔器来完成。常用的扩孔器有桶式扩孔器、带导流槽的桶式扩孔器、板式扩孔器和飞旋式扩孔器。

飞旋式扩孔器的角度十分陡直，切割刀口的长度非常短，因此其阻力和旋转所需的能量小，切削能力较强。由于这种形式的扩孔器不挤压土层，所以在车道、人行道以及担心会破裂的街道底下进行钻进工程时，是理想的选择。它比较适用于不塌方且不易鼓泥包的地层扩孔。

桶式扩孔器对地层的挤压作用使其十分适用于易塌方和可塑地层，同时它具有良好的清孔能力，因而应用十分广泛。图2-10所示为飞旋式扩孔器和桶式护孔器。

图 2—10　飞旋式扩孔器和桶式扩孔器

　　板式扩孔器具有较好的切削能力，能极好地混合钻屑和泥浆，并且能让泥浆自由流过。但对于大直径扩孔，由于自身重量过重而导致扩孔器有逐渐下沉的趋势，从而恶化了孔道成形质量。所以大尺寸扩孔时，应与桶式扩孔器同时配套使用，此时桶式扩孔器起到扶正器的作用。

　　岩石扩孔器主要用于岩石地带的扩孔作业，其上有多个破岩牙轮和水射流孔，如图 2—11 所示。

图 2—11　岩石扩孔器和板式扩孔器

　　回拖在扩孔完成后马上进行，其系统的连接方式为管道＋牵拉头＋万向节＋扩孔器＋钻柱，如图 2—12 所示。回拖时在钻机的拉力和泥浆的润滑作用下，主管道从一岸沿导向孔回拖至另一岸。

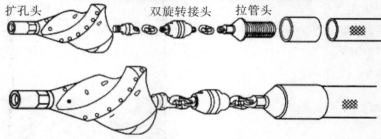

扩孔头　　　　　双旋转接头　拉管头

图 2—12　回拖系统连接方式

（6）动力与辅助系统。

动力源一般由柴油机、液压泵和发电机组成，它的主要作用是为钻机、泥浆泵提供高压油，以驱动各部分的液压马达，同时为计算机、照明和空调设备提供电源。

主要辅助设备有起重机、单斗挖掘机、推土机和管道施工设备等。

2.3　水平定向钻管道穿越施工工序

水平定向钻管道穿越施工工序如图 2—13 所示。

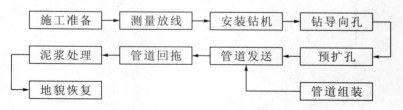

图 2—13　水平定向钻管道穿越施工工序

（1）施工占地。

①水平定向钻施工占地包括钻机场地、管线场地、蓄水池及泥浆池占地、管线焊接占地，如图2-14、图2-15所示。

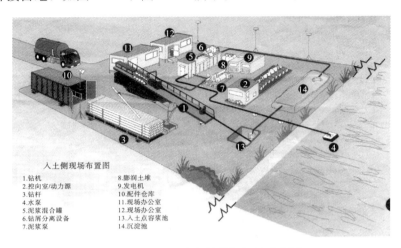

入土侧现场布置图

1.钻机　　　　　　8.膨润土堆
2.控向室/动力源　 9.发电机
3.钻杆　　　　　　10.配件仓库
4.水泵　　　　　　11.现场办公室
5.泥浆混合罐　　　12.现场办公室
6.钻屑分离设备　　13.入土点容浆池
7.泥浆泵　　　　　14.沉淀池

图2-14　水平定向钻钻机场地示意图

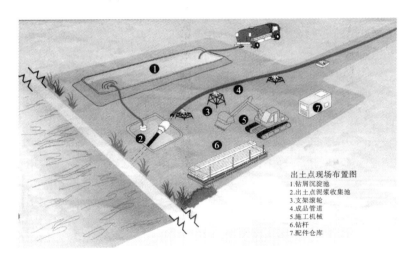

出土点现场布置图

1.钻屑沉淀池
2.出土点泥浆收集池
3.支架滚轮
4.成品管道
5.施工机械
6.钻杆
7.配件仓库

图2-15　出土作业场地示意图

②钻机安装场地的大小根据钻机型号而定。泥浆池和蓄水池占地根据管径的大小、场地及地质情况而定，尽量节约用地。

③在出土点一端，应根据管道中心轴线、占地宽度和长度（为穿越设计曲线管道长度加50 m），本着节约用地的原则，放出管道场地、泥浆池占地及管道焊接占地边界线，并标出拖管车出入场地路线和地点。

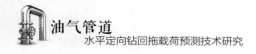

④管道预制应在穿越中心线上，如地形不允许，从出土点起200 m后方可弯曲，弯曲半径应不小于1500D（D为管子结构外径尺寸）。

（2）施工准备。

工作内容为：修筑施工便道、平整场地、仪器设备的检查维护、施工辅助用料的准备和钻机锚固系统的建立等。

①修筑施工便道：根据穿越地点的地理环境，在施工场地（入土点与出土点）与公路主干线之间修筑施工便道，其承载能力应不低于最重车辆或设备的重量，并在适当位置找开阔地平整压实，以方便车辆调头进入钻机场地。

②平整场地：在入土点，以穿越中心线为中线，平整场地，安放钻机、泥浆系统、钻杆和泥浆池等；在出土点平整作业场地，安放钻杆、钻具、挖掘机和泥浆池；并设置合适大小的管线预制作业带，在合适位置开挖泥浆池、废浆池等以收集废弃泥浆。根据穿越地段的地质情况及管径大小，配备一定数量的泥浆罐，准备好泥浆用料，并妥善保管好各类泥浆用料和油品，防止污染施工工地及水源。

③仪器设备的检查维护：主要针对钻机系统、钻具、泥浆系统、控向系统进行，检查各仪器设备是否运转良好。

④钻机锚固：锚固质量对于水平定向钻而言非常重要，钻机在安置期间发生事故的情况经常发生，甚至和钻进期间发生事故的概率相当，尤其是对地下管线的损坏。在钻机锚固时，要防止将锚杆打在地下管线上，同时，合理的钻机锚固是顺利完成钻孔的前提，钻机的锚固能力反映了钻机在给进和回拉施工时利用其本身功率的能力。一台钻机的推拉力再大，如果钻机在推拉过程中发生了移动，其推拉力不但会降低，而且可能会出现孔内功率损失，这时钻机的全部功率会作用在钻机机身上，容易出现设备破坏和人员伤害。如果钻机本身的固定能力差，一方面，钻机的控制能力降低，从而导致无法很好地按预定的计划完成钻进工作；另一方面，钻机在运转过程中振动较大，会引起钻杆发生弯曲或损坏，使钻孔无法按预先设计的轨迹完成。尤其对于大口径、长距离管道，穿越拖力大，施工周期长，施工中容易造成地锚失稳，从而导致穿越失败，可采取如图2-16所示的方法进行加固。

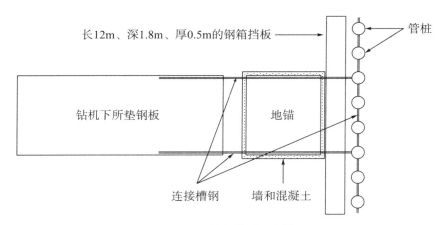

图 2－16　钻机锚固示意图

（3）测量放线。

按照设计确定出管道穿越中心线、入土点、出土点，在入土点一侧测出钻机安放位置、地锚箱、泥浆池、占地边界等；在出土点一侧测出焊接管道中心线及泥浆池位置、占地边界等；现场测量完成后，技术人员要及时编写施工计划、方案及措施，并向施工人员进行技术交底。

（4）钻机安装与调试。

①钻机一般应安装在入土点和出土点的连线上。钻机导轨与水平面的夹角和设计的入土角相等。

②钻机应安装牢固、平稳，经检验合格后进行试运转。

③对控向系统进行准确调校，调校的基准参数应存入计算机内。

（5）钻导向孔。

泥浆通过钻杆推动装在钻杆前的涡轮钻头破土钻进，并从钻杆和套管的间隙返回泥浆罐（见图 2－17），具体操作要点如下：

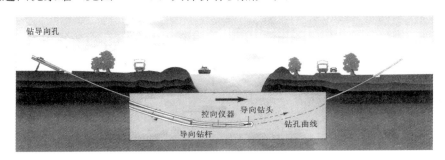

图 2－17　钻导向孔示意图

①液压起重机将钻杆吊上钻台，固定在能在钻台上移动的活动卡盘上，前端的钻头连接后端与泥浆管路连通，开动泥浆泵后，泥浆推动涡轮钻向前钻，卡盘和钻头同步向前移动。

②当活动卡盘移动到钻台前部的固定卡具时，卸开钻杆接头向后移动活动卡盘，直到能放上一根钻杆（长度为 9.5 m）时，吊上另一根钻杆，然后进行接加钻杆、接头安装，最后通过卸开前端卡具固定钻杆和活动卡盘的正反转动来完成，然后继续钻进。

③当钻到一定进尺时，加套管。顶进方法是：用活动卡盘向前推进套管，套管前端保持距钻头 20 m。如遇复杂地层可钻一钻杆，加一套管。

④钻头的入土角为 12°～20°，出土角为 4°～30°，入土角和出土角确定后，在曲线上确定若干点 X、Y、Z 的三维坐标，此坐标返回控制盘上，控制各点坐标沿设计曲线向前推进。

⑤导向孔实际穿越曲线与设计穿越曲线的偏移量不应大于 2 m。出土点沿设计轴线的纵向偏差应不大于穿越长度的 1%，且不大于 12 m；横向偏差应不大于穿越长度的 0.5%，且不大于 6 m。

⑥钻杆和钻头在施工前应进行清扫，严禁有杂物，以防止钻杆内有杂物堵住钻头水嘴而造成事故。

（6）扩孔。

在穿越施工中，扩孔工艺可分为扩孔回拖与预扩孔两种。扩孔回拖的原理是与钻柱相连的扩孔器在供给泥浆的同时，旋转的钻柱带动扩孔器转动，同时活动卡盘向后移动，拉动扩孔器前进，并牵引穿越管前进，直至敷设完毕。具体操作方法如下：

①当钻柱在对岸出土后撤出钻杆，将扩孔器前端丝扣和钻柱相连，后端轴承和管道相连（扩孔器尺寸比穿越管道尺寸大一些）。

②注入泥浆（此泥浆不回收），移动钻台上的活动卡盘，拉动扩孔器和穿越管段前进。

扩孔回拖所用牵拉装置的前端是扩孔钻头，中间是万向节，左端为牵拉头（图 2-12）。工作时，扩孔钻头转动，并向前向后喷射泥浆，以增加穿越管段的润滑度。万向节将转动部分和后面穿越管段的不转动部分分开。

一般地，预扩孔的尺寸和次数应根据穿越地质情况和管径大小来确定：当地质条件为中砂、粗砂、砾砂或管径等于或大于 273 mm 时，应进行预扩孔；管径每增加 150 mm，应增加一次预扩孔。

对于预扩孔，扩孔前，在出土侧（钻机的对面）提前固定一套液压紧扣装置，安装完预扩孔器，在其后安装钻杆，每行进一根钻杆，由液压卸扣装置安装一根钻杆，预扩 200 m 后，开始倒运钻杆，使钻杆循环使用，如图 2-18 所示。

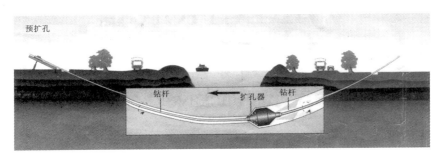

图 2-18　预扩孔示意图

扩孔工艺包括扩孔器系列的组合、扩孔次数的确定、扩孔速度的选择等。

①扩孔器及扩孔次数的选择。

合理组合扩孔器系列，采用板式扩孔器和桶式扩孔器搭配使用，可确保孔道成形质量。预扩孔时，如发现某次扩孔的扭矩过大或摆动幅度过大，可适当增加扩孔次数，用相同尺寸的扩孔器重新扩孔 1~2 次。

A. 对于不塌方的地层。

在稳定均匀的黏土层、板结连续的砂层等地层，孔道主要依靠扩孔器的回扩切削成形。切削下来的钻屑由泥浆携带排出孔外。当扩孔直径为 1.5D 时，须外排钻屑量达到 50%；当扩孔直径为 1.35D 时，须外排钻屑量达到 60%，这样才能满足管道回拖的要求。这说明对于不塌方的地层，在泥浆携带能力有限的情况下，扩孔直径愈大愈好。

B. 对于易塌方的地层。

在流沙、淤泥以及疏松的黏质粉土和粉质黏土等地层，"孔道"与周围地层没有严格的界限，由"孔道"的中心线向四周分布，为泥浆与钻屑混合的流塑状态物，在垂直于轴线的方向上，分布范围的大小取决于泥浆压力与地层压力差以及地层的含水情况等，泥浆的悬浮能力保证了"孔道"的稳定。当然，在这种情形下，并不排除在采用桶式扩孔器时，局部地段会出现由于泥浆滤饼而形成孔道的现象，但这时的滤饼环孔尽管充满泥浆，却依然很脆弱，容易垮塌，最终还是以边界模糊的"孔道"占主导地位。

管道穿越的成功经验证明：这种"稳定"的受泥浆保护的"孔道"也是水平定向钻孔道的一种；在这样的地层中，要想满足管道顺利回拖的条件，十分

关键的一点就是在扩孔时要提高泥浆排量、增加扩孔次数、加大扩孔直径从而在尽量大的范围内构建"孔道"。

C. 对于介于上述二者之间的地层。

在可塑黏土、黏质粉土、粉质黏土、粉土以及含量小于10%的卵砾石地层，除上述切削和泥浆护壁成孔外，挤扩成孔也是十分有效的成孔手段。在这样的地层中，有时会出现局部的塌方，钻屑不能有效地外排，但经过桶式扩孔器的挤扩孔壁以及对孔壁的旋转"抹光"作用，可以有效清除井孔内钻屑而形成光滑的孔道。在实际运用中，所采用的桶式扩孔器挤扩成孔和双桶扩孔器清孔、修孔工艺是非常有效的；而在保证孔道曲线的"平顺性"（即"横向成形"、"纵向连续圆滑"）方面，在两个相差一个扩孔级差（级差因钻机能力大小有所变化，通常在6~12英寸）的桶式扩孔器之间安装一根刚性良好的麻花钻铤进行扩孔，这一有效而成功的技术属国内独创，处于世界先进水平。

②扩孔速度。

成功扩孔不仅需要适当种类的钻井泥浆，同时还应使用足量的泥浆以便使泥浆在孔内流动。确定合理的扩孔速度，使泥浆和钻屑比例达到不小于1∶1，从而降低回拖力和扭矩，扩孔的速度须按这个原则来确定。

例如：如果泥浆泵的排量为300 gpm，在进行52″扩孔时，每扩孔1ft的长度所需要的泥浆量为52×52/24.5=110 gal/ft，这样才能维持1∶1比例的钻进液和钻屑。那么一分钟所能扩孔的长度为：300/110=2.73 ft/min。对于要扩完31 ft长的钻杆长度所需要的时间为：31/2.73=11.5 min。

在这个例子中，如果扩孔的速度大于2.73 ft/min，也就是说如果一根标准的5″ API钻杆的扩孔时间少于11.5 min，则孔内就会出现干燥且混合不良的钻屑，这时就没有泥浆返出孔外，钻屑将停留在孔内，给工程造成隐患，所以在实际施工中，泥浆返出孔外是一个好现象，表明所使用的泥浆量是足够的，同时也说明成孔良好。施工中，凡是返浆良好的孔，其回拖力一般都很正常。

另外，对于易塌方的地层，尽管不会返浆，但是扩孔的速度也依然要按上述原则进行确定，其原因就是要保证钻屑与泥浆充分混合。

（7）回拖管道。

管道回拖前，应将管道放在发送架上或放入发送沟内。采用发送沟方法回拖管道时，发送沟内不得有石块、树根和硬物等，沟内宜注水，确保将管线浮起，以避免管线底部与地层摩擦，划伤防腐层，并降低钻机拖拉力。管道回拖过程如图2-19所示。

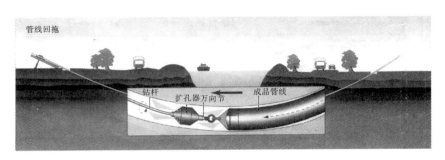

图 2-19 管线回拖示意图

管段与钻具连接应符合下列要求：

①检查切割刀和扩孔器内各通道及各泥浆喷嘴是否畅通，确认合格后方可连接。

②连接顺序宜为钻柱、扩孔器、万向节、"U"型环、管道。

③扩孔器直径宜比穿越管道直径大 150 mm，目的是减小拖拉力，保护防腐层；管道与钻具整体安装完毕后，启动泥浆泵测试泥浆流动的通畅性，检查各泥浆喷嘴是否正常，合格后方可进行回拖施工。

管道回拖施工应连续进行，除发生不可抗拒的原因外，严禁在施工中无故停拖。

（8）穿越段管道施工。

①水平定向钻穿越施工的管道，应严格按照设计要求施工，并经检查验收合格后方可进行回拖施工。

②严禁在穿越管道上开孔，焊接其他附件；试压时只允许在管道两端的加长段上开孔来焊接阀门和安装压力表，回拖后与线路连接时，开孔的加长管道应割除。

③按规定的要求进行试压和吹扫。

（9）泥浆应用。

泥浆的基本组分是现场的淡水，大多数情况下，须在水中添加膨润土来增加泥浆的黏度，泥浆主要用于稳定孔壁、降低回转扭矩和拉管阻力、冷却钻头和控向探头、清除钻进产生的土屑等。因此，它被视为水平定向钻施工的"血液"，一般要求采用优质膨润土来制备泥浆，有时视地层条件在泥浆中加入适量的聚合物。膨润土主要是由钠高岭石组成的天然黏土。

泥浆性能应根据地质条件在泥浆实验室试配并确定配方，具体可参见表2-3的规定。在整个施工过程中，应根据地质情况和钻进工艺，动态调整泥浆配方和泥浆性能，此外还应回收、处理和循环使用泥浆。

表 2-3　泥浆性能推荐表

泥浆性能	地层类型				
	松散粉砂、细砂及粉土层	密实粉砂、细砂层和砂岩、泥页岩层	花岗岩等坚硬岩石层	中砂、粗砂、卵砾石及砾岩、破碎岩层	黏性土和活性软泥岩层
马氏漏斗黏度 /s	60~90	40~60	40~80	80~120	35~50
塑性黏度 /MPa·s	12~15	8~12	8~12	15~25	6~12
动切力 /Pa	>10	5~10	5~8	>10	3~6
表观黏度 /MPa·s	15~25	12~20	8~25	20~40	6~12
静切力 /Pa G_{10s}/G_{10min}	5~10/15~20	3~8/6~12	2~6/5~10	5~10/15~20	2~5/3~8
滤失量 /ml	8~12	8~12	10~20	8~12	8~12
pH	9.5~11.5	9.5~11.5	9~11	9.5~11.5	9~11

水平定向钻施工时应注意泥浆的非正常返回和循环使用问题。

①泥浆非正常返回。

水平定向钻进过程中经常产生无法控制的泥浆地下流失。理想条件下泥浆在钻杆端部钻头处流出，再沿钻杆外壁与孔壁间隙返回地表，这样可以重复利用泥浆，降低生产费用。但实际施工时泥浆将沿阻力最小的通道流动，并且往往会扩散到钻孔周围的地层中去，有时也会渗到地表上。当泥浆没有沿钻孔返回而是随便流到地表时，称为泥浆的非正常返回。

一般在敷管施工时，泥浆非正常返回不是一个严重的问题。如果泥浆向河底流出，对环境的影响则较小。但是，如果在市区或是在风景优美的游览胜地施工，泥浆非正常返回就会给公众带来不便，有时泥浆的流动还能冲坏街道、冲垮堤坝和公路铁路。在施工中，应不断地调整施工方法，尽量减少泥浆非正常返回的发生。所以施工前，应制订应急计划并准备好可能的补救措施，同时还应通知有关施工管理部门。

②泥浆的重复利用。

重复利用泥浆可减少购买和处理泥浆的费用。通常把返回的泥浆收集起来泵送到泥浆净化设备中，再把净化后的泥浆送回到泥浆储存或混合箱中反复使用。当然，有时大量的泥浆会从与钻机和泥浆循环系统所在河岸相对的另一岸上的孔口返出，这时就要使用两套泥浆循环系统，或是把返出的泥浆运回到钻机所在的一端，可以使用卡车等工具进行运输；或事先钻一小孔安装管道将对岸的泥浆返回（此孔也可做光缆通道），使用哪种运输手段最佳要根据施工现场的具体情况来决定。当使用临时管道时，应检查管道的设计方案，以保证管道的大小合适，防止管道损坏，泥浆流失。

2.4 水平定向钻穿越应注意的问题

（1）分析穿越地层的自稳性，防止成孔引起的地面塌陷。

（2）分析地层土壤密实度，选配合适的泥浆压力，防止冒浆污染环境。

（3）泥浆制作、利用、回收及废浆处理，要避免污染环境，排放的废水与废弃固体必须符合国家污染物排放标准。水平定向钻穿越较重要的河流堤坝时，一定要防止跑浆对堤坝造成不良影响，在施工中不但要注意泥浆配比和压力，更重要的是在开钻前，对堤坝下的地质状况应进行详细的勘查，并采取地质改良措施。这样也有利于政府水利部门批准该穿越的设计和施工方案。

（4）在岩层变化较大的地区，对软硬不同的地层采取不同的钻进速度，防止钻孔上抬或下沉，形成错台孔。

（5）应根据不同的地质条件与所钻岩屑大小，合理配置泥浆的比重、黏度与排量。

（6）所穿越的管段在回拖前，应完成试压与防腐检漏，宜做测径，防止回拖后管道与防腐层不达标，管道的椭圆度过大引起径向屈曲失稳。

（7）回拖完成后管段两端应封孔回填夯实，防止洪水时发生管涌，影响两岸大堤安全。

（8）钻导向孔时应注意的问题。

①在风化花岗岩岩层钻进过程中若钻头遇到岩脉或在卵石层钻进过程中遇到较大粒径的卵石时，钻孔轨迹都可能较明显地偏离设计轨迹，这时钻头的偏向很难预料。操作人员在意识到钻头遇到硬物或较难钻进的情况等微小变化时，应马上停钻，检验钻头的位置。此时，应降低钻压，缓慢给进，让钻头慢慢地通过该区域。钻进时，应较频繁地检测钻头的位置。

②当钻头遇到较硬地层，通常需要加大钻压。但是，钻压加大后会引起孔内钻杆弯曲。若钻杆弯曲部位的地层较软，弯曲的钻杆会使钻孔扩大。控向探

头只能确定钻头的位置，很难确定这种由钻杆弯曲而形成的钻孔轨迹。在这种情况下，要适当降低钻压，尝试采用冲击钻进的方法通过硬地层，同时，增加泵量、强化喷射作用或许有助于软化障碍物。

（9）在扩孔后的敷设管道期间应注意的问题。

①扩孔回拖尽可能一次连续完成，防止卡管。如果扩孔钻头在导向孔中停留时间过长，由于钻头的重量较大，钻头会在其自重作用下下沉。

②在缓慢回拖期间，泵量太大也会在土层中产生空洞或使管柱周围的土层变软。

③扩孔钻头越大，钻头下沉的概率就越高。

④在扩孔时阻力变大，并不总是意味着需要提高转速或泵量。

⑤钻进产生的土屑和孔壁坍塌会导致钻柱运动的阻力增加，这时维持扩孔钻头缓慢运动是非常重要的。

（10）管道回拖时管道失稳变形。

水平定向钻管道回拖时，管道要承受泥浆或地下水压力，应校验管道的稳定性，避免管道受外力影响而失稳变形。若管道内存有部分试压水，由于回拖过程中管线曲率的变化，水就会在管道内产生运动从而形成"活塞效应"；管道端封闭，则会在管道内部分管段产生负压，加大了管道失稳的可能性。因此，在管道回拖过程中，应避免管内存水；同时向管道内注入一定压力的压缩空气有助于减少管道失稳变形的可能性。

（11）在水平定向钻钻进过程中加接钻杆时，要使用"液压大钳"，不能利用钻机惯性上扣，这样容易损坏钻杆，否则应在钻机上加装一个"扭矩仪"进行控制。

（12）在编制水平定向钻施工方案时，施工单位应与设计单位积极沟通，了解设计思路和关键的强度计算结果，这样能有效防止出现施工事故。

2.5 本章结论

水平定向钻技术因其对地表干扰小、施工速度快、穿越精度高、成本费用低等优点，在油气管道穿越工程中得到广泛应用，为我国油气管网的规模化建设提供了一种有力的技术手段。但受穿越地段地质条件复杂性与水平定向钻施工水平局限性的影响，水平定向钻技术无法胜任所有的穿越工程，且目前仍存在较高的穿越失败率，即便在适合水平定向钻技术的地质条件下，严格按照工艺规范进行施工依然是必要的。水平定向钻穿越技术中需重点关注的工艺环节包括：

（1）导向孔孔壁稳定是管道回拖顺利实施且回拖过程中管道不发生破坏的重要保障，而穿越段地质条件直接决定了导向孔的稳定性。适宜水平定向钻穿越的地质条件包括黏土、亚黏土、成孔性能稳定的砂层和软岩石层等，不适宜的地质条件包括卵石层、松散状砂土或粗砂层、砾石层与破碎岩石层等。对于出土点或入土点侧含有卵砾石等不适合水平定向钻施工的地质条件，可采用套管隔离、注浆加固或开挖换填等措施处理地层。

（2）钻机锚固是水平定向钻施工的关键环节，在推拉施工中钻机出现位移极易导致穿越失败。合理的钻机锚固是顺利完成钻孔的前提，钻机的锚固能力反映了钻机在给进和回拖施工时利用其本身功率的能力。一台钻机的推拉力再大，如果钻机在推拉过程中发生了移动，其推拉力不但会降低，而且可能会出现孔内功率损失，这时钻机的全部功率会作用在钻机机身上，容易出现设备破坏和人员伤害。如果钻机本身的固定能力差，一方面，钻机的控制能力降低，从而导致无法很好地按预定的计划完成钻进工作；另一方面，钻机在运转过程中振动较大，会引起钻杆发生弯曲或损坏，使钻孔无法按预先设计的轨迹完成。尤其对于大口径、长距离管道，穿越拖力大，施工周期长，施工中容易造成地锚失稳，从而导致穿越失败。

（3）对钻机的最大推拉能力需求一般出现于管道回拖阶段，因卡阻而导致穿越失败的事故多出现于此阶段。对于扩孔与回拖两阶段分开的大中型穿越工程，管道回拖应在预扩孔完成后马上进行，对于部分预扩孔完成后还需实施洗孔操作的大型穿越工程，管道回拖应在洗孔完成后马上进行。管道回拖施工应连续进行，除发生不可抗拒的原因外，严禁在施工中无故停拖。

（4）在水平定向钻施工过程中，泥浆主要发挥携带钻屑、保护孔壁、润滑管道、驱动马达、冷却钻头等作用，是穿越工程成功实施的重要保障。一方面，在穿越施工的不同阶段，泥浆需发挥的功能有差异，应根据主要的功能需求调整泥浆物性；另一方面，穿越地层复杂的地质条件同样要求实时调整泥浆物性，需针对具体的地层类型制定合理的泥浆配方。此外，尽管泥浆的非正常返回在施工中经常出现，但应结合具体施工条件仔细排查泥浆非正常返回的原因，目前仍有较高比例的穿越失败案例与泥浆使用不当有着密切联系。

第3章　水平定向钻回拖载荷预测理论研究

预测回拖载荷是水平定向钻（HDD）技术研究的重点之一，可以为穿越工程方案设计、钻机型号选择、施工过程中管道稳定性评价以及回拖减阻工艺制定等重要环节提供依据。现有的回拖载荷预测模型，因忽略某些影响因素或引入经验参数，导致产生较大偏差，难以满足实际工程需要。

一方面，现有模型对回拖阻力组成部分的分析存在较大差别，以泥浆拖曳阻力为例：Driscopipe 模型与 Drillpath 模型中未考虑泥浆拖曳阻力；AGA 模型通过给定管道外表面处的泥浆剪切应力对其进行计算，并推荐管道外表面处的泥浆剪切应力值取 345 Pa，但 Puckett 认为剪切应力值取 172 Pa 更加合理；基于活塞效应，Baumert 根据孔底泥浆压力的实测值计算泥浆拖曳阻力；ASTM 模型的处理方法与 Baumert 的计算方法类似，但推荐孔底泥浆压降值取 70 kPa；Polak 模型将泥浆流动假定为牛顿流体在同心环形空间中的层流流动，通过计算管道外表面处的泥浆剪切应力值求解泥浆拖曳阻力。另一方面，现有预测模型的准确度较差。Baumert 与 Allouche 采用搜集的 HDD 穿越工程数据，分析了 Driscopipe 模型、Drillpath 模型与 PRCI 模型的可靠性，误差高达 247%；《油气输送管道穿越工程施工规范》建议按照所推荐回拖载荷经验预测公式计算结果的 1.5~3 倍选择钻机。可见，现有方法的预测精度难以满足工程需要，尤其是对于大型的 HDD 穿越工程。因此，深入研究回拖阻力的形成机理，并提出一种较为准确的回拖载荷预测方法对 HDD 技术的推广应用具有重要的指导意义。

本章首先简要介绍已有的五种预测模型并对其可靠性进行评价，然后讨论回拖阻力的各项组成部分，建立了一种新的回拖载荷预测模型，并详细阐述了此预测方法的物理模型与数学模型。

3.1 现有的回拖载荷预测模型

3.1.1 Driscopipe 模型

Phillips Driscopipe 将整条穿越曲线简化为一系列首尾相连的直线段，考虑导向孔内管段的导向孔阻力、导向孔外管段的地面阻力以及导向孔内管段的浮力作用，并基于管段的长度和倾斜角计算回拖阻力。计算从待回拖管道在地面上拖动开始，然后各管段逐渐进入导向孔，管道承受的阻力等于：

$$T_h = \sum_1^i wL(\mu\cos\theta \pm \sin\theta) \tag{3-1}$$

式中，i 为管段编号；w 为单位长度管道的净重（包括管道重量、浮力及管内介质的重量）；L 为管段长度；μ 为管土之间的摩擦系数，有两个值：μ_b 为管道与导向孔孔壁之间的摩擦系数，μ_g 为管道与地表面之间的摩擦系数；θ 为管段倾斜角。

作为一种最简单的近似计算，该模型有以下不足：

（1）穿越曲线：把曲线简化为折线，忽略了拐角处绞盘效应引起的摩擦阻力。

（2）管道弯曲：未考虑管道弯曲效应引起的摩擦阻力，由于软件是针对 PE 管的，相对于钢管，刚度作用不太重要。

（3）流体阻力：忽略管道在泥浆中的拖曳阻力。

3.1.2 Drillpath 模型

Drillpath 模型用于定向钻钻井轨迹的设计及钢管或塑料管回拖载荷的计算，支持三维空间内的计算。在该模型中，管道被分成若干段，所有管段通过节点传递拉力和压力。管段只承受部分轴向拉力与重量，所有管段受力之和即为总轴向拉力。与 Driscopipe 模型类似，计算从待回拖管道在地面上拖动开始，然后各段依序进入导向孔。分析每一小段，管土相互作用力 N 的大小为：

$$N = [(T\Delta\Phi\cos\theta N)^2 + (T\Delta\theta + W\cos\theta N)^2]^{\frac{1}{2}} \tag{3-2}$$

拉力增量方程为：

$$\Delta T = e^{\mu(|\Delta\Phi|+|\Delta\theta|)}(-W\sin\theta_N + \mu_N + T) - T \tag{3-3}$$

式中，T 为轴向拉力；W 为导向孔中管段的净重；θ 为倾斜角；Φ 为方位角；μ 为摩擦系数；θ_N 为管土相互作用力的倾斜角。总载荷等于所有拉力

增量之和：

$$T_h = \sum_1^i \Delta T \tag{3-4}$$

式中，i 为管段编号。

式（3-2）和（3-3）可用于分析直线段或曲线段。

在计算中，直线段 $\Delta\Phi$ 和 $\Delta\theta$ 都等于 0。Drillpath 模型忽略了管道弯曲效应引起的摩擦阻力。

3.1.3 ASTM 模型

美国材料与试验协会（ASTM）在其发布的标准 ASTM F 1962-11 中提供了一种回拖载荷的计算方法，即 ASTM 模型。此模型忽略管道弯曲效应的影响，假定管道出土点与入土点之间高差为零、穿越曲线中间段为水平直线，考虑的阻力作用包括管土摩擦、绞盘效应与泥浆拖曳。此方法仅给出四个关键点处的回拖载荷，如图 3-1 所示。由管土摩擦、滑轮效应引起的四个关键点处的回拖载荷分别为：

$$T_A = e^{\mu_g \alpha} \left[w_p \mu_g (L_1 + L_2 + L_3 + L_4) \right] \tag{3-5}$$

$$T_B = e^{\mu_b \alpha} (T_A + \mu_b |w| L_2 + wH - \mu_g w_p e^{\mu_g \alpha}) \tag{3-6}$$

$$T_C = T_B + \mu_b |w| L_3 - e^{\mu_b \alpha} (\mu_g w_p L_3 e^{\mu_g \alpha}) \tag{3-7}$$

$$T_D = e^{\mu_b \beta} \left[T_C + \mu_b |w| L_4 - wH - e^{\mu_g \alpha} (\mu_g w_p L_4 e^{\mu_g \alpha}) \right] \tag{3-8}$$

式中，w_p 为单位长度管道的重量。

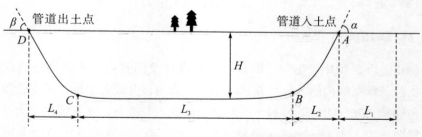

图 3-1　ASTM F 1962-11 回拖载荷计算示意图

ASTM 模型假定泥浆对管道外表面、导向孔孔壁的剪切力相等，则泥浆拖曳阻力 T_d 等于泥浆总剪切力的一半，即：

$$T_d = \Delta P \cdot A_a / 2 \tag{3-9}$$

式中，A_a 为环形空间的横截面积；ΔP 为导向孔内泥浆压降，ASTM 推荐其值取 70 kPa。

将泥浆拖曳阻力分别加至式（3-5）～（3-8）中的计算结果中，即为四个关键处的回拖载荷预测值。ASTM 模型未考虑管道弯曲效应引起的阻力。

3.1.4　CNPC 模型

《油气输送管道穿越工程设计规范》给出了一种计算回拖终点处回拖载荷的经验公式。通过引入等效阻力系数 f 与黏滞系数 K，分别计算管道重量引起的管土摩擦力与泥浆拖曳阻力，两者求和即为回拖载荷，即：

$$T_h = Lf \left| \frac{\pi D^2}{4}\rho_m - \pi \delta D \rho_s - W_f \right| + K\pi DL \tag{3-10}$$

式中，L 为穿越管段的总长；f 为等效阻力系数，取值 0.3；d_p 为管道的直径；ρ_m 为泥浆的密度；ρ_s 为管材的密度；δ 为管道的壁厚；K 为黏滞系数，取值 0.18。

CNPC 模型假定管道为直线，计算简单。但由于考虑因素较少，计算结果偏小，规范中建议采用计算值的 1.5～3 倍作为参考值。实际使用时，推荐的等效阻力系数 f 与黏滞系数 K 的取值难以适应多变的穿越工况，主观因素对计算结果影响很大。

3.1.5　Polak 模型

基于穿越曲线为折线的假设，Polak 等人从理论角度详细讨论了回拖载荷的计算方法，即 Polak 模型，并编制了计算程序 PipeForce2005。该模型采用以下假设：

（1）假设导向孔模型为一条折线，折线的关键点为现场检测获得的离散点。

（2）假设土壤为刚性体，在整个安装过程中不会变形或坍塌，导向孔不变形。

（3）假设管道通过导向孔拐角处发生弯曲时，管道在接触点处的切线与导向孔拐角的角平分线垂直。

（4）假设每个拐角处的管段处于力平衡状态，管段被未发生偏移或发生偏移的拐点支撑，并忽略未发生偏移的拐点处管道的弯曲扭矩。

（5）导向孔中的泥浆流动简化为牛顿流体在同心环形空间中的稳定流动。

基于以上假设，根据力平衡条件可计算出回拖载荷，管道回拖至点 i 处时回拖载荷 $(T_h)_i$ 为：

$$(T_h)_i = (T_g)_i + (T_s)_i + (T_d)_i + \sum_{k=1}^{i-1}\Delta T_{f-k} \tag{3-11}$$

式中，$(T_g)_i$ 为导向孔外管道重量及由此引起的管土摩擦力；$(T_s)_i$ 为导向孔内管道重量及由此引起的管土摩擦力；$(T_d)_i$ 为泥浆拖曳阻力；ΔT_{f-k} 为拐角 k 处因导向孔方向改变而产生的回拖阻力增量。

Polak 模型从理论角度分析回拖阻力的各项组成部分，土壤为刚体、泥浆为牛顿流体的假设与实际情况偏差较大，影响模型的计算精度。

3.2 回拖阻力的构成

在水平定向钻回拖过程中，处于导向孔中的管道承受拉力、弯矩与泥浆压力共同产生的作用。若回拖头与扩孔器之间的万向节不能有效工作，管道还要承受扭矩的作用。回拖载荷源于导向孔的方向变化、流体阻力、土壤摩擦与管道重量，是管道、土壤与泥浆相互作用的结果，在分析中可分为三部分，即管道重量及由此引起的管土摩擦力、导向孔方向改变引起的管土摩擦力与泥浆拖曳阻力，据此计算得到回拖头处所需的回拖拉力，称为回拖头处回拖载荷。目前，所有的回拖载荷预测方法致力求解的正是这一载荷值。

判断一台钻机是否有足够推拉能力完成回拖安装，需要比较钻机最大推拉力与活动卡盘处所需的回拖拉力（称为卡盘处回拖载荷）。图 3-2 为 Baumert 在 HDD 安装试验中检测到的回拖头与活动卡盘两位置处的回拖载荷值。容易看出，钻柱承受的阻力在卡盘处的回拖载荷中占有较大比重，分析中应加以考虑。

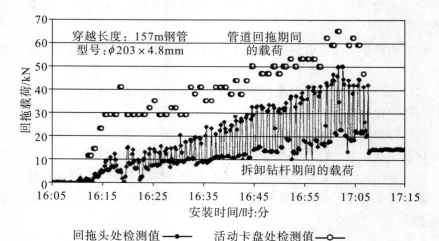

图 3-2　HDD 穿越实验中回拖载荷检测值

本书首次考虑结合钻柱承受的阻力来求解卡盘处的回拖载荷。下面分别对回拖阻力的各项组成部分进行简要分析。

3.2.1　管道重量及由此引起的管土摩擦力

在回拖过程中，考虑管道重量对回拖载荷的影响，可将其分为两部分，即浸没于泥浆中的管段（导向孔内管道）与未浸没于泥浆中的管段（导向孔外管道）。当管道沿水平方向拖动时，管道重量仅通过影响管土间法向作用力来影响回拖载荷；当管道与水平方向之间存在夹角时，管道重量也会增大或减小回拖载荷值。拖动管道时，由于管道重量引起管土间法向作用力，管土间始终存在与拖动方向相反的摩擦阻力，可根据库仑定律对其进行求解。

3.2.2　导向孔方向改变引起的阻力

拖动管道通过导向孔弯曲段时，由于绞盘效应（Capstan Effect）与管道弯曲效应（Stiffness or Bending Effect）的影响，回拖阻力产生增量。目前，计算此项阻力时采用两条假设：①绞盘效应与管道弯曲效应可以单独分析，互不影响；②导向孔在管道拖动过程中不产生变形。

当拖动柔性管通过导向孔曲线段时，由于拖动力在曲线的法线方向上存在分量，引起摩擦阻力增加的现象称为绞盘效应，摩擦阻力增量称为绞盘力。易知，绞盘力随着拖动力的增大而增大。

由于抗弯刚度的影响，通过导向孔曲线段的管道与孔壁之间会产生法向作用力，该作用力随曲线段曲率半径的减小而增大，由其引起的管土间摩擦力也增大。对于大直径钢管，管道弯曲效应引起的管土摩擦力较大，在计算回拖载荷中不可忽略；对于塑料管的 HDD 安装，设计中弯曲段的曲率半径取决于钻杆，ASTM F 1962−11 推荐采用 1200 倍的钻杆直径，由于塑料管的抗弯刚度远小于钻杆（大直径塑料管除外），若根据此方法设定曲率半径，管道弯曲效应在回拖载荷的计算中可忽略不计。

由导向孔方向改变所致阻力的影响因素包括穿越曲线结构、管道抗弯刚度、土壤物性、管道在导向孔中的状态等。

3.2.3　泥浆拖曳阻力

在管道回拖阶段，环形空间中的泥浆流动对管道外表面存在剪切作用，此剪切力构成回拖阻力的一部分，称为泥浆拖曳阻力（Fluidic Drag Friction）。此项阻力的影响因素包括泥浆流变性与流量、环形空间结构、管道回拖速率、

管道在导向孔中的偏心率等。

目前泥浆拖曳阻力的计算有两条思路：一是经验法，根据施工经验直接给定管道外表面的泥浆剪切应力值，或者基于活塞效应，根据孔底泥浆压力的检测数据计算泥浆拖曳阻力；二是解析法，分析泥浆在导向孔中的流动规律，得出管道外表面剪切应力的计算公式。本书采用解析法求解泥浆拖曳阻力。

3.2.4　钻柱承受的阻力

类似于导向孔内管道，回拖过程中导向孔内的钻柱同样受到前述三种阻力的作用。对于钢管敷设，钻杆的尺寸与质量一般均小于同等长度的管道，扩孔阶段在导向孔内仅拖动钻柱时所需回拖力较小，对于大型的 HDD 穿越工程而言，此回拖力要求小于 50 t 即可。然而，回拖管道时回拖头处回拖载荷的存在会急剧增大钻柱承受的绞盘力，使钻柱承受的阻力在活动卡盘处的回拖载荷中占有较高比重，Baumert 的实验检测数据（图 3-2）很好地佐证了这一问题。

3.3　回拖载荷预测的物理模型

多数 HDD 穿越工程在垂直平面内完成，管道、钻柱则仅在垂直平面内发生弯曲变形，据此本书提出了用于二维平面内力学分析的计算公式。为绕开障碍物，有的 HDD 穿越工程必须在水平面内改变穿越曲线的方向，此种情况下，水平面内的角度值可直接用于弯曲段阻力效应的相关计算公式，而计算管道重量及由此引起的管土摩擦力时则需要使用实际角度以改变在垂直平面内的投影值。为简单起见，文中涉及的讨论只在垂直平面内，下面给出分析中所需物理模型及计算中涉及的初始参数。

3.3.1　穿越曲线

穿越曲线为导向孔中心轴线，假定为一条由直线段组成的折线，其结构确定于导向孔钻进阶段，折线的关键点为从施工中监测所得的离散点。以管道入土点为原点，拖动方向为 x 轴正向，垂直向上为 y 轴正向，建立笛卡尔直角坐标系，如图 3-3 所示。关键点从管道入土点至出土点依次记为 K_1，K_2，$\cdots$，K_n，包含 n 个关键点的穿越曲线由 $n-1$ 条直线段组成，直线段 S_i 的两端点为关键点 K_i，K_{i+1}。分析穿越曲线所需的初始参数为各关键点坐标，根据现场施工记录经坐标计算与坐标转换两个步骤获得。

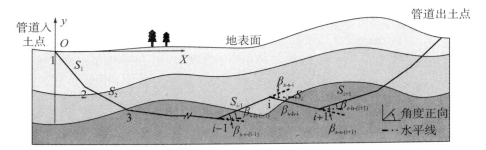

图3-3 穿越曲线结构示意图

3.3.2 导向孔

确定导向孔的纵截面结构时，假定各关键点处导向孔的上下边界点均位于穿越曲线拐角的角平分线上，根据穿越曲线结构与导向孔直径可确定导向孔的纵截面结构。

HDD 施工中，导向孔横截面的理想形状为圆形，小型 HDD 工程的导向孔横截面可近似视为圆形，而对于大型 HDD 工程，由于穿越曲线中含有较多曲线段，钻柱对导向孔有较严重的"啃边"现象，致使导向孔横截面为梨形。根据上述分析，采用椭圆描述梨形截面从而建立两种导向孔横截面模型：半径为 R_B 的圆形导向孔，短、长半径依次为 a、b 的椭圆形导向孔（如图 3-4 所示）。分析导向孔所需的初始参数为穿越方案设计确定的扩径比 OR 与根据施工经验确定的导向孔扁率 α。

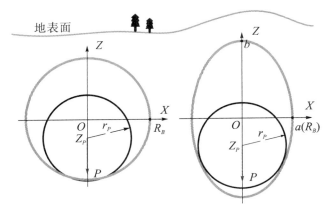

图3-4 导向孔横截面结构示意图

3.3.3 地层

假定穿越地层为弹性体，采用 Winkler 模型作为土介质模型，则回拖过程中，土壤在管道、钻柱的作用力下会发生变形，导向孔孔壁某点处的位移 $w(x，y)$ 与此点处的应力 $q(x，y)$ 成正比而与其他各点处的应力状态无关。Winkler 模型的本构方程为：

$$q(x,y) = k \cdot w(x,y) \qquad (3-12)$$

式中，k 为地基反力系数。分析地层所需的初始参数为穿越曲线各关键点位置处地层的地基反力系数，需要根据穿越工程地质勘查资料、穿越曲线结构及相关岩土力学知识对其进行计算。

分析中，假定导向孔直线段 S_i 的地层类型与关键点 K_i 处相同。

3.3.4 管道与钻杆

管道为等径圆柱壳体，分析中采用了两种物理模型模拟管道：①外圆半径为 r_p、壁厚为 δ_p、管材密度为 ρ_p、管材弹性模量为 E_p 的无限长管道位于无限长导向孔中；②长度为 L，抗弯刚度为 EI，与管道相等的悬臂梁，如图 3-5 所示。两种模型用于分析木楔效应、管道弯曲效应，后文有详细分析。在大型 HDD 穿越工程中，为减小回拖阶段的回拖载荷，经常在管道中放置压重物，此时应将压重物的质量计入管道，得出管材的等效密度 ρ_{p-eq} 并应用于计算分析。分析管道所需的初始参数为 r_p、δ_p、E_p、ρ_p（或 ρ_{p-eq}）。

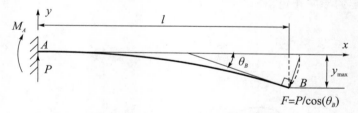

图 3-5 悬臂梁受力分析示意图

施工中，由于钻杆连接头处外径尺寸大于杆身，钻柱为非等径圆柱壳体，为简化计算，将钻柱假定为等径圆柱壳体，尺寸参数采用杆身结构。与管道模型类似，采用两种物理模型描述钻杆。分析钻杆所需的初始参数为钻杆外圆半径 r_d、壁厚 δ_d、杆材密度 ρ_d 与杆材弹性模量 E_d。

3.3.5 泥浆流动

Ariaratnam 等人实验分析了 HDD 泥浆的流变特性，研究表明幂律流体模型与 H－B 流体模型能很好地描述实验数据。由于 H－B 流体模型用于数学分析时非常复杂，故采用幂律流体模型描述泥浆流变特性，其本构方程为：

$$\tau = K \cdot \gamma^n \tag{3-13}$$

式中，K 为稠度系数；n 为流性指数。

将泥浆流动简化为幂律流体在同心环形空间中的层流流动，内管以速率 v_p 沿轴线按流体流动相反方向运动，采用圆柱坐标系建立分析模型，如图 3－6 所示。分析泥浆流动所需的初始参数为管道回拖速率 v_p、泥浆密度 ρ_s 与流变参数 K、n。

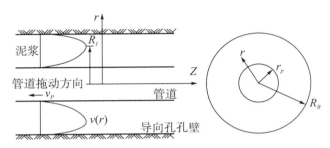

图 3－6 环形空间中幂律流体流动示意图

3.4 回拖载荷预测的数学模型

卡盘处回拖载荷的求解方法是分项求解回拖阻力各组成部分，根据力平衡条件得出总的回拖载荷。以穿越曲线直线段为基本分析单位，逐段对管道及钻柱进行相关阻力计算。图 3－7 给出了管段（或杆段）与土壤的相互作用示意图，在管－土相互作用分析中，管段承受的作用力包括两端点拉力 T_A、T_B 与弯矩 M_A、M_B，土壤的反作用力 P_A、P_B，重力 W 与浮力 F，泥浆拖曳阻力 T_d。

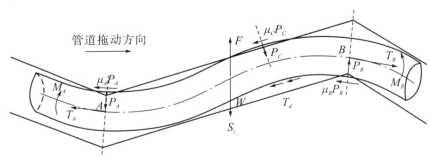

图 3－7 管/杆－土相互作用示意图

图 3-8 为管段（或杆段）与土壤相互作用分析的几何结构示意图，模型分析中涉及大量几何参数，包括：管道的轴线、顶部、底部在拐角 K_i 处的关键点（分别记为 P_{a-i}，P_{c-i}，P_{b-i}，$i=1$，2，$\cdots$，$n-1$）坐标；穿越曲线直线段与水平线之间的夹角，记为 β_{s-h-i}，$i=1$，2，$\cdots$，$n-1$；穿越曲线各相连直线段之间的夹角，记为 β_{s-s-i}，$i=1$，2，$\cdots$，n，如图 3-3 所示。用直线连接管道关键点 P_{a-i}，$P_{a-(i+1)}$ 所得的直线段称为管段，记为 S_{p-i}，$i=1$，2，$\cdots$，$n-1$；管段 S_{p-i} 与水平线之间的夹角，记为 γ_{s-h-i}，$i=1$，2，$\cdots$，$n-1$；各相连管段之间的夹角，记为 γ_{s-s-i}，$i=1$，2，$\cdots$，n；管段 $P_{a-i}Z$，$P_{a-(i+1)}Z$ 与水平线之间的夹角（Z 为管段 S_{p-i} 的拐点），分别记为 γ_{AZ-h-i}，γ_{BZ-h-i}，$i=1$，2，$\cdots$，$n-1$；管段 $P_{a-i}Z$，$P_{a-(i+1)}Z$ 与管道在关键点 P_{a-i}、$P_{a-(i+1)}$ 处切线之间的夹角分别记为 ϕ_{AZ-t-i}，ϕ_{BZ-t-i}，$i=1$，2，$\cdots$，$n-1$；管道在关键点 P_{a-i} 处切线与水平线之间的夹角，记为 ϕ_{t-h-i}，$i=1$，2，$\cdots$，n；管段 S_{p-i} 与管道在关键点 P_{a-i}，$P_{a-(i+1)}$ 处切线之间的夹角，分别记为 ϕ_{p-t1-i}，ϕ_{p-t2-i}，$i=1$，2，$\cdots$，$n-1$。书中涉及的角度均以逆时针方向为正。下面详细推导管道回拖至关键点 K_i 时卡盘处回拖载荷各项组成部分的计算公式。

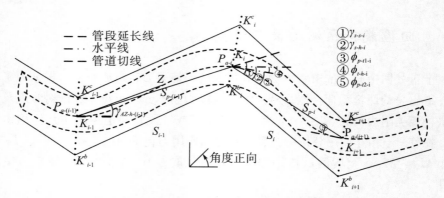

图 3-8　管/杆-土相互作用分析的几何结构示意图

3.4.1　管道重量及由此引起的管土摩擦力

回拖过程中，管道按照所处位置可划分为导向孔外管段与导向孔内管段。导向孔外管段因自重及由此引起的管土摩擦力对回拖形成阻力，将此部分回拖阻力记为 $(T_g)_i$，等于：

$$(T_g)=(w_p\mu_g\cos\beta_0+w_p\sin\beta_0)\left[L-\sum_{k=1}^{i-1}L_k\right] \tag{3-14}$$

式中：w_p 为单位长度管道的重量；μ_g 为管道和地面间的摩擦系数；L 为管道总长；L_k 为已拖入导向孔内管道的各组成管段的长度；β_0 为入土点处地表面和水平面间的夹角。

导向孔内管段因管道沉没重量及由此引起的管土摩擦力对回拖形成阻力，将此部分回拖阻力记为 $(T_b)_i$，等于：

$$(T_b) = \sum_{k=1}^{i-1} (| K_{c-k} L_k \omega \mu_{b-k} \cos\beta_{s-h-k} | + L_k w \sin\beta_{s-h-k}) \qquad (3-15)$$

式中：K_{c-k} 为直线段 S_k 对应的木楔效应系数，表征土壤对管道的包夹作用，详细见 3.4.6 节；w 为单位长度管道的沉没重量；μ_{b-k} 为直线段 S_k 处管道和导向孔间的摩擦系数；β_{s-h-k} 为管段 S_k 和水平线间的夹角。

3.4.2 导向孔方向改变引起的阻力

管道（或钻柱）通过导向孔拐角处时，管段两端拉力方向的改变与管道抗弯刚度均可增大管土间的法向作用力，进而对回拖形成阻力，这两个阻力作用分别为绞盘效应与弯曲效应。下面分别对管道在关键点 K_i 处的这两项阻力进行计算。

（1）绞盘效应。

绞盘力可根据静力平衡条件进行分析，Chehab 推导出了绞盘力的计算公式，但未考虑土壤对管道的包夹作用。为更好地贴近工程实际，本书首次提出考虑土壤对管道包夹作用时绞盘力 F_1 的计算公式。假定管段通过拐角时，管土接触段为圆弧，半径 R，圆心角 β，如图 3-9 所示。管段沿切线方向承受拉力 T_1、T_2 的作用，取微元段 $d\beta$，两端受力分别记为 T、$T+dT$，根据静力平衡分析，法向作用力 N 为：

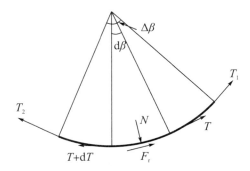

图 3-9 绞盘力分析示意图

$$N = T\sin\left(\frac{d\beta}{2}\right) + (T + dT)\sin\left(\frac{d\beta}{2}\right) \qquad (3-16)$$

式中，$\mathrm{d}T$、$\mathrm{d}\beta$ 均为微量。

$$T + \mathrm{d}T \approx T；\sin\left(\frac{\mathrm{d}\beta}{2}\right) \approx \frac{\mathrm{d}\beta}{2} \qquad (3-17)$$

则式（3-16）可简化为：

$$N = T \cdot \mathrm{d}\beta \qquad (3-18)$$

考虑土壤对管道的包夹作用，管土相互作用引起的管土摩擦力为：

$$F_r = \mu \cdot (K_c \cdot T \cdot \mathrm{d}\beta) \qquad (3-19)$$

式中，K_c 为木楔效应系数。

根据静力平衡，在微元段中点的切线方向上：

$$\mu(K_c \cdot T \cdot \mathrm{d}\beta) = \mathrm{d}T \cdot \cos\left(\frac{\mathrm{d}\beta}{2}\right) \approx \mathrm{d}T \qquad (3-20)$$

即：

$$\mu \cdot K_c \cdot \mathrm{d}\beta = \frac{\mathrm{d}T}{T} \qquad (3-21)$$

根据式（3-21）对曲线段进行积分：

$$\mu \cdot K_c \cdot \int_{\beta_1}^{\beta_2} \mathrm{d}\beta = \int_{T_1}^{T_2} \frac{\mathrm{d}T}{T} \qquad (3-22)$$

整理得：

$$T_2 = T_1 \cdot e^{\mu \cdot K_c \cdot \Delta\beta} \qquad (3-23)$$

则管道通过关键点 K_i 处因绞盘力引起的回拖载荷增量为：

$$F_1 = T_{K_i}(e^{\mu_{b-i}k_{c-i}\gamma_{s-s-i}} - 1) \qquad (3-24)$$

式中：T_{K_i} 为管段通过关键点 K_i 前承受的总阻力；μ_{b-i} 为关键点 K_i 处管土间摩擦系数；K_{c-i} 为关键点 K_i 处对应的木楔效应系数；γ_{s-s-i} 为管段 $S_{p-(i-1)}$、S_{p-i} 之间的夹角。

（2）弯曲效应。

回拖管道通过穿越曲线拐角时，由于管道存在抗弯刚度，管土间产生相互作用力，进而产生管土摩擦力，以致对回拖形成阻力。为求解这一回拖载荷增量，首先判断管道在导向孔中的分布状态，然后根据分布状态采用大挠度弯曲梁理论计算相应的管土作用力。假设：①管道在导向孔拐角处发生弯曲时，其在接触点处的切线垂直于导向孔拐角的角平分线；②管道与土壤相互作用时，接触点仅沿管土接触的法线方向产生位移。

①管道在导向孔中的分布状态。

管道在导向孔中的分布状态取决于穿越曲线结构。假定土壤为刚体，根据导向孔的关键点坐标可得出管道分布的几何结构参数，由此可获得管土耦合作用分析所需的初始几何参数。管道在导向孔直线段中的分布有两种基本模式，其判断标准为：

$$\beta_{s-s-i} \cdot \beta_{s-s-(i-1)} \leqslant 0 \qquad \text{模式 1}$$

$$\beta_{s-s-i} \cdot \beta_{s-s-(i-1)} > 0 \qquad \text{模式 2}$$

为分析弯曲效应引起的管土摩擦力，管道的两种基本分布状态还需进一步细分，Cheng 与 Polak 给出了详细的判断方法：根据 γ_{AZ-h-i}、ϕ_{t-h-i}、管道最大挠度模式 1 可细分为三种情况；根据管道最大挠度模式 2 可细分为两种情况，如图 3−10 所示。

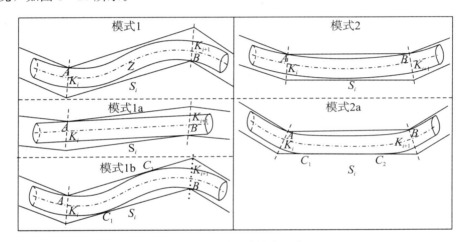

图 3−10 管道分布状态示意图

当管段 S_{p-i} 处于模式 1 时，管段内存在一个拐点 Z。拐点的存在使管段存在曲线上凸段和下凹段，该点可作为导向孔内管段方向变化的参考点。处于模式 1 的管段因扭转而产生的弯曲力矩 M_A、M_B 可采用小挠度理论来确定，进而可确定拐点 Z 的坐标。弯曲力矩的求解公式为：

$$M_A = \frac{4EI}{L_{AB}}\phi_{p-t1-i} + \frac{2EI}{L_{AB}}\phi_{p-t2-i} \qquad (3-25)$$

$$M_B = \frac{4EI}{L_{AB}}\phi_{p-t2-i} + \frac{2EI}{L_{AB}}\phi_{p-t1-i} \qquad (3-26)$$

建立局部坐标系 $x'y'$，x' 轴沿直线 AB。梁弯曲的方程式为：

$$EIy' = \frac{M_A}{2}x'^2 - \frac{M_A + M_B}{6L_{AB}}x'^3 + \frac{(M_B - 2M_A)L_{AB}}{6}x' \qquad (3-27)$$

拐点 Z 在局部坐标系中的坐标 $(x',\ y')$ 为：

$$x'_Z = \frac{M_A}{M_A + M_B}L_{AB} \qquad (3-28)$$

$$y'_z = \frac{M_A M_B (M_B - M_A)}{6(M_A + M_B)^2} \frac{L_{AB}^2}{EI} \qquad (3-29)$$

拐点 Z 的局部坐标确定后可转换为全局坐标。需要说明的是，小挠度理论仅用于确定拐点坐标，采用小挠度理论确定了拐点位置后，应采用大挠度理论计算回拖载荷。

管道处于模式 1a 时，通过导向孔无须弯曲，导向孔直线段内的管道弯曲形状无法确定。这种模式发生在与导向孔直径相比管径很小或者导向孔相邻两段的夹角非常小的情况。假定该模式下管道在导向孔内处于直线状态，若满足以下条件之一，管段 S_{p-i} 即处于模式 1a：

$$\gamma_{AZ-h-i} < \phi_{t-h-i} \qquad (3-30)$$

$$\gamma_{BZ-h-i} < \phi_{t-h(i+1)} \qquad (3-31)$$

管道处于模式 1b 时，管段内存在拐点，且根据导向孔孔壁的边界条件，管道不仅在拐角处受到支撑，在导向孔直线段内也受到支撑。模式 1b 与模式 1 的判断标准是管段 S_{p-i} 在点 C_1 与 C_2 处是否与导向孔孔壁接触。若接触，为模式 1b；反之为模式 1。如图 3−11 所示，点 P_{C1} 是管段 AZ 的最低点，该点位于直线 AZ 的垂直平分线上，用相同方法确定点 P_{C2}（此处假定管道 AZ 呈圆弧状，弦线 AZ 对应的圆周角为 γ_{AZ-h-i}）的位置。若点 P_{C1} 和 P_{C2} 位于导向孔孔壁外，则管段处于模式 1b，否则管段处于模式 1。导向孔孔壁上的对应点 W_{C1} 和 W_{C2} 用于判断 P_{C1} 和 P_{C2} 是否位于导向孔孔壁外，这两个点分别位于通过 P_{C1} 和 P_{C2} 的导向孔孔壁的法线上。

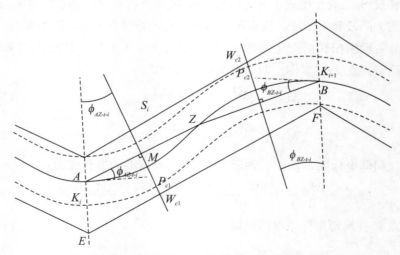

图 3−11　模式 1、1b 的区分方法示意图

下面以 AZ 段为例说明判断模式 1、1b 的计算方法。已知点 A、Z、E、F 在全局坐标系中的坐标依次为：$(x_A，y_A)$，$(x_Z，y_Z)$，$(x_E，y_E)$，$(x_F，y_F)$，线段 AZ 的中点记为 M，则线段 MP_{c1}、MW_{c1} 的长度分别为：

$$MP_{c1} = \frac{\sqrt{(x_z - x_A)^2 + (y_z - y_A)^2}}{2} \tan\left|\frac{\phi_{AZ-t-i}}{2}\right| + r_P \tag{3-32}$$

$$MW_{c1} = \sqrt{\left(\frac{x_A + x_Z}{2} - x_{Wc1}\right) + \left(\frac{y_A + y_Z}{2} - y_{Wc1}\right)} \tag{3-33}$$

式中：

$$x_{Wc1} = \frac{\frac{x_Z^2 - x_A^2}{2(y_Z - y_A)} + \frac{y_Z + y_A}{2} - y_E + x_E \frac{y_F - y_E}{x_F - x_E}}{\frac{y_F - y_E}{x_F - x_E} + \frac{x_Z - x_A}{y_Z - y_A}} \tag{3-34}$$

$$y_{Wc1} = \frac{y_F - y_E}{x_F - x_E} x_{Wc1} + y_E - x_E \frac{y_F - y_E}{x_F - x_E} \tag{3-35}$$

若 $MP_{c1} > MW_{c1}$，则管段 AZ 与导向孔孔壁接触，管段处于模式 1b；若 $MP_{c1} \leq MW_{c1}$，则管段处于模式 1。

处于模式 2 的管段内一定不存在拐点，管段呈下凹或上凸形状，只可能在同一侧与导向孔孔壁接触。与模式 1、1b 的区分方法类似，假定管段 AB 为圆弧，则模式 2、2a 的判断依据为管道是否与导向孔孔壁接触。若管道与导向孔孔壁沿直线 C_1C_2 线接触，为模式 2a；反之为模式 2。

②管土相互作用力。

采用长度为 L、抗弯刚度为 EI 并与管道相等的悬臂梁作为管道模型对管土相互作用进行分析。为适应导向孔方向急剧变化的状况，采用大挠度理论求解管土相互作用力。首先给出分析采用的物理模型，如图 3-5 所示，悬臂梁 AB 在自由端 B 点处始终受到垂直于悬臂梁在此处切线的载荷 F 作用，悬臂梁变形后的弧段 S_{AB} 总长记为 L，建立右手直角坐标系。

在 S_{AB} 上任取一点 $R(x，y)$，则悬臂梁在 R 处的曲率半径 ρ 与弯矩 M_R 之间的关系为：

$$\frac{1}{\rho} = \frac{\mathrm{d}\theta}{\mathrm{d}s} = \frac{M_R}{EI} \tag{3-36}$$

式中，$\mathrm{d}s$ 为 R 点处弧段微元的长度；$\mathrm{d}\theta$ 为 R 点处弧段微元对应的圆心角；EI 为悬臂梁的抗弯刚度。根据弯矩平衡条件，R 点处的弯矩 M_R 等于：

$$M_R = F \cdot \cos\theta_B \cdot (L - x) + F \cdot \sin\theta_B \cdot (y_B - y) \tag{3-37}$$

将式（3-37）代入式（3-36）中，整理得：

$$\frac{\mathrm{d}\theta}{\mathrm{d}s} = \frac{F}{EI}\left[\cos\theta_B \cdot (L-x) + \sin\theta_B \cdot (y_B - y)\right] \tag{3-38}$$

令 $a^2 = F/EI$，上式两端对 s 进行微分，整理得：

$$\frac{\mathrm{d}^2\theta}{\mathrm{d}s^2} = -a^2\cos(\theta_B - \theta) \tag{3-39}$$

两端乘以 $\mathrm{d}\theta$，积分得：

$$\frac{1}{2}\left(\frac{\mathrm{d}\theta}{\mathrm{d}s}\right)^2 = a^2\sin(\theta_B - \theta) + C \tag{3-40}$$

在悬臂梁自由端：$\theta = \theta_B$，$\mathrm{d}\theta/\mathrm{d}s = M/EI = 0$。将边界条件代入上式，可确定积分常数 $C = 0$，式（3-40）可变换为：

$$\mathrm{d}s = \frac{\mathrm{d}\theta}{\sqrt{2}\,a\,\sqrt{\sin(\theta_B - \theta)}} \tag{3-41}$$

上式两端对悬臂梁进行积分，得：

$$\int_0^L \mathrm{d}s = \frac{1}{\sqrt{2}\,a}\int_0^{\theta_B}\frac{\mathrm{d}\theta}{\sqrt{\sin(\theta_B - \theta)}} \tag{3-42}$$

令积分函数

$$F(\theta_B) = \int_0^{\theta_B}\frac{\mathrm{d}\theta}{\sqrt{\sin(\theta_B - \theta)}} \tag{3-43}$$

则：

$$L = \frac{1}{\sqrt{2}\,a}F(\theta_B) \tag{3-44}$$

对于弧段微元 $\mathrm{d}s$，有：

$$\begin{cases} \mathrm{d}y = \mathrm{d}s\,\sin\theta \\ \mathrm{d}x = \mathrm{d}s\,\cos\theta \end{cases} \tag{3-45}$$

将式（3-41）代入式（3-45），并积分得：

$$\int_0^{y_B}\mathrm{d}y = \frac{1}{\sqrt{2}\,a}\int_0^{\theta_B}\frac{\sin\theta}{\sqrt{\sin(\theta_B - \theta)}}\mathrm{d}\theta \tag{3-46}$$

$$\int_0^l \mathrm{d}x = \frac{1}{\sqrt{2}\,a}\int_0^{\theta_B}\frac{\cos\theta}{\sqrt{\sin(\theta_B - \theta)}}\mathrm{d}\theta \tag{3-47}$$

式中，l 为悬臂梁变形后在 x 轴的投影长度。引入积分函数：

$$F_y(\theta_B) = \int_0^{\theta_B}\frac{\sin\theta}{\sqrt{\sin(\theta_B - \theta)}}\mathrm{d}\theta \tag{3-48}$$

$$F_x(\theta_B) = \int_0^{\theta_B}\frac{\cos\theta}{\sqrt{\sin(\theta_B - \theta)}}\mathrm{d}\theta \tag{3-49}$$

则：

$$y_B = \frac{1}{\sqrt{2}a}F_y(\theta_B) \qquad (3-50)$$

$$l = \frac{1}{\sqrt{2}a}F_x(\theta_B) \qquad (3-51)$$

将 a 的表达式代入式（3-51），整理得：

$$F = \frac{1}{2} \cdot \frac{EI}{l^2} \cdot F_x^2(\theta_B) \qquad (3-52)$$

则悬臂梁固定端在 y 轴方向上承受的支撑力 P 等于：

$$P = \frac{EI\cos\theta_B}{2l^2} \cdot F_x^2(\theta_B) \qquad (3-53)$$

式（3-50）除以式（3-51），得：

$$\frac{y_B}{l} = \frac{F_y(\theta_B)}{F_x(\theta_B)} \qquad (3-54)$$

积分函数 $F_x(\theta_B)$ 与 $F_y(\theta_B)$ 均为悬臂梁转角 θ 的无量纲超越函数，可用数值积分法求解。为方便使用，将数值积分结果制成图表，以备查用，两个积分函数的计算结果分别如图 3-12、图 3-13 所示。

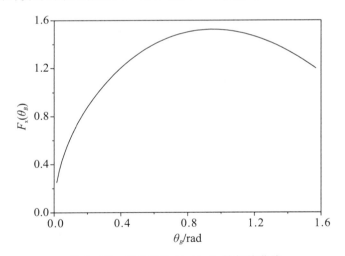

图 3-12　积分函数 $F_x(\theta_B)$ 的数值曲线

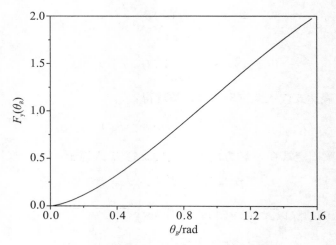

图 3—13　积分函数 $F_y(\theta_B)$ 的数值曲线

每段管段中存在两个悬臂梁，分别计算管土法向作用力并将其计入各自对应的接触点中。管段 S_i 如果处于模式 1a，对两接触点的法向作用力贡献为零，即 $P_i(S_i)=P_{i+1}(S_i)=0$；结合大挠度弯曲梁理论，另外四种模式中悬臂梁的分析方法可区分为两类：

①已知 $y_{\max}$ 与 l，联合式（2—48）、（2—49）、（2—54）可得 θ_B，然后由式（3—53）得出 P，适用于模式 1 与 2。

②已知 θ_B，结合管道与导向孔的几何结构关系，联合式（3—48）、（3—49）、（3—54）可得 l，然后由式（3—53）得出 P，适用于模式 1b 与 2a。l 的计算公式为：

$$l = \frac{2R_B/\cos\theta_B - r_p - r_p/\cos\theta_B}{\tan\theta_B - F_y(\theta_B)/F_x(\theta_B)} \tag{3—55}$$

表 3—1 为各模式下已知参数的求解公式。

表 3—1　管道各分布状态下悬臂梁计算所需参数

管段 S_i 状态		$y_{\max}$	l	θ_B
模式 1*	K_i	$l_{AZ}\cdot\sin(\mid\gamma_{AZ-h-i}-\phi_{p-t1-i}\mid)$	$l_{AZ}\cdot\cos(\mid\gamma_{AZ-h-i}-\phi_{p-t1-i}\mid)$	—
	K_{i+1}	$l_{BZ}\cdot\sin(\mid\gamma_{BZ-h-i}-\phi_{p-t2-i}\mid)$	$l_{BZ}\cdot\cos(\mid\gamma_{BZ-h-i}-\phi_{p-t2-i}\mid)$	—
模式 2	K_i	$l_{AB}\cdot\sin(\mid\phi_{p-t1-i}\mid)$	$l_{AB}\cdot\cos(\mid\phi_{p-t1-i}\mid)$	—
	K_{i+1}	$l_{AB}\cdot\sin(\mid\phi_{p-t2-i}\mid)$	$l_{AB}\cdot\cos(\mid\phi_{p-t2-i}\mid)$	—
模式 1b	K_i	—	—	$\mid\beta_{s-h-i}-\phi_{t-h-i}\mid$
	K_{i+1}	—	—	$\mid\beta_{s-h-i}-\phi_{t-h-(i+1)}\mid$

54

管段 S_i 状态		y_{max}	l	θ_B
模式 2a	K_i	—	—	$\lvert \beta_{s-h-i} - \phi_{t-h-i} \rvert$
	K_{i+1}	—	—	$\lvert \beta_{s-h-i} - \phi_{t-h-(i+1)} \rvert$

注：*采用小挠度弯曲梁理论确定管段拐点 Z 后，l_{AZ}、l_{BZ} 分别为管段 AZ、BZ 的长度。

基于土壤为刚体的假设，根据初始参数可计算得出穿越曲线各关键点 K_i 处在垂直面内的管土法向作用力 P_i。本书采用 Winkler 模型描述土壤，在回拖过程中土壤提供弹性支撑，需通过迭代运算求解管土法向作用力。管土相互作用时接触点会产生位移，称为管道位移（记为 s_p），s_p 的求解方法详见 3.4.6 节。基于管道与土壤接触点仅沿管土接触法线方向产生位移的假定，根据 s_p 的值调整管土接触点位置，重新计算穿越曲线各关键点处的管土法向作用力，重复上述步骤直至各关键点的管土法向作用力均不再变化，结束迭代运算。值得注意的是，当管道在直线段 S_i 中的分布状态为模式 1b 或 2a 时，管土之间除 K_i、K_{i+1} 外还有两个接触点（记为 C_1、C_2，图 3−10），此两点处的管土法向作用力（分别记为 P_{s-i-1}、P_{s-i-2}）也可作为迭代运算结束的判断条件。迭代运算结束时，关键点 K_i 处的管土法向作用力、木楔效应系数分别记为 P_i、K_{c-i}，则管道弯曲效应引起的管土摩擦力为：

$$F_2 = K_{c-i}\mu_{b-i}P_i + K_{c-i}\mu_{b-i}P_{s-i-1} + K_{c-i}\mu_{b-i}P_{s-i-2} \tag{3-56}$$

管道通过关键点 K_i 处因导向孔方向改变引起的回拖载荷增量为：

$$\Delta T_{f-i} = F_1 + F_2 \tag{3-57}$$

3.4.3　泥浆拖曳阻力

在 HDD 回拖阶段，泥浆沿管道拖动的相反方向流出导向孔，当管道回拖至总安装长度的 $1/2 \sim 2/3$ 之间的某处时，泥浆改变流动方向沿管道拖动方向流出导向孔。泥浆与管道之间存在相对运动时，会在管道外表面产生剪切应力，从而形成泥浆拖曳阻力。泥浆拖曳阻力在回拖头处的回拖载荷中的比例小于 10%，将其纳入分析可更准确地预测回拖载荷的动态变化过程。

假定泥浆为幂律流体，分析泥浆在同心环形空间中流动且内管存在轴向速度时的泥浆拖曳阻力。根据动量定理，单位时间内流体系统的动量变化率应等于作用于该流体系统上的体积力与表面力的矢量和，其数学表达式为：

$$\frac{D}{Dt}\int_V \rho\vec{v}\,dV = \int_V \rho\vec{f}\,dV + \int_S \rho\vec{n}\,dS \tag{3-58}$$

式中，$\vec{f}$ 为单位质量流体上的体积力；$\overset{\leftrightarrow}{P}$ 为应力张量；$\vec{n}$ 为微元面积 $\mathrm{d}S$ 的法线单位矢量；$\vec{P} = \overset{\leftrightarrow}{P} \cdot \vec{n}$ 是作用在法线方向为 $\vec{n}$ 的微元面积 $\mathrm{d}S$ 上的表面力矢量。根据奥高定理将表面力面积分转化为体积分：

$$\int_S \vec{P} \cdot \vec{n}\,\mathrm{d}S = \int_V \mathrm{div}\overset{\leftrightarrow}{P}\,\mathrm{d}V \tag{3-59}$$

将式（3-59）代入式（3-58），得到：

$$\int_V \frac{\mathrm{D}\rho\vec{v}}{\mathrm{D}t}\,\mathrm{d}V = \int_V \rho\vec{f}\,\mathrm{d}V + \int_V \mathrm{div}\overset{\leftrightarrow}{P}\,\mathrm{d}V \tag{3-60}$$

由于 V 的任意性，可得到不可压缩流体的运动方程：

$$\frac{\mathrm{D}\vec{v}}{\mathrm{D}t} = \vec{f} + \frac{1}{\rho}\mathrm{div}\overset{\leftrightarrow}{P} \tag{3-61}$$

在曲线坐标系中，运动方程的一般表达式为：

$$\frac{\partial v^i}{\mathrm{d}t} + v^i\,\nabla_j v^i = f^i + \frac{1}{\rho}\,\nabla_j P^{ji} \tag{3-62}$$

式中，∇_j 为协变导数。

在正交曲线坐标系中，用物理分量表示的动量方程式为：

$$\frac{\partial v(i)}{\partial t} + \sum_{k=1}^{3}\left[\frac{v(k)}{H_k} \cdot \frac{\partial v(i)}{\partial q^k} + \frac{v(i)v(k)}{H_iH_k} \cdot \frac{\partial H_i}{\partial q^k} - \frac{v(k)v(k)}{H_iH_k} \cdot \frac{\partial H_k}{\partial q^i}\right]$$

$$= \frac{1}{\rho}\left[\frac{1}{H_1H_2H_3}\frac{\partial}{\partial q^k}\left(\frac{H_1H_2H_3}{H_k}P(k)(i)\right) + \frac{P(i)(k)}{H_iH_k}\frac{\partial H_i}{\partial q^k}\right.$$

$$\left. - \frac{1}{H_iH_k}P(k)(i)\frac{\partial H_k}{\partial q^i}\right] \tag{3-63}$$

在圆柱坐标系中，$q^1 = r$，$q^2 = \theta$，$q^3 = z$，$H_1 = H_3 = 1$，$H_2 = r$，$v(1) = v_r$，$v(2) = v_\vartheta$，$v(3) = v_z$，代入式（3-63）中，得到圆柱坐标系中的动量方程式：

r 轴：$\dfrac{\partial v_r}{\partial t} + v_r\dfrac{\partial v_r}{\partial r} + \dfrac{v_\theta}{r}\dfrac{\partial v_r}{\partial \theta} + v_z\dfrac{\partial v_r}{\partial z} - \dfrac{v_\theta^2}{r}$

$$= \frac{1}{\rho}\left[\frac{1}{r}\frac{\partial}{\partial r}(rP_{rr}) + \frac{1}{r}\frac{\partial P_{\theta r}}{\partial \theta} + \frac{\partial P_{zr}}{\partial z} - \frac{P_{\theta\theta}}{r}\right] + f_r \tag{3-64}$$

θ 轴：$\dfrac{\partial v_\theta}{\partial t} + v_r\dfrac{\partial v_\theta}{\partial r} + \dfrac{v_\theta}{r}\dfrac{\partial v_\theta}{\partial \theta} + v_z\dfrac{\partial v_\theta}{\partial z} + \dfrac{v_rv_\theta}{r}$

$$= \frac{1}{\rho}\left[\frac{1}{r}\frac{\partial}{\partial r}(rP_{r\theta}) + \frac{1}{r}\frac{\partial P_{\theta\theta}}{\partial \theta} + \frac{\partial P_{z\theta}}{\partial z} + \frac{P_{r\theta}}{r}\right] + f_\theta \tag{3-65}$$

z 轴：$\dfrac{\partial v_z}{\partial t} + v_r\dfrac{\partial v_z}{\partial r} + \dfrac{v_\theta}{r}\dfrac{\partial v_z}{\partial \theta} + v_z\dfrac{\partial v_z}{\partial z}$

$$= \frac{1}{\rho}\left[\frac{1}{r}\frac{\partial}{\partial r}(rP_{rz}) + \frac{1}{r}\frac{\partial P_{\theta z}}{\partial \theta} + \frac{\partial P_{zz}}{\partial z}\right] + f_z \tag{3-66}$$

某方向的总应力分量 P_{ij} 由静压 p（沿作用面内法线方向）与偏应力分量 τ_{ij} 组成，即：

$$P_{ij} = p\delta_{ij} + \tau_{ij} \tag{3-67}$$

则动量方程的分量形式可以写为：

r 轴：$\rho\left(\dfrac{\partial v_r}{\partial t} + v_r\dfrac{\partial v_r}{\partial r} + \dfrac{v_\theta}{r}\dfrac{\partial v_r}{\partial \theta} + v_z\dfrac{\partial v_r}{\partial z} - \dfrac{v_\theta^2}{r}\right)$

$$= -\dfrac{\partial p}{\partial r} + \left[\dfrac{1}{r}\dfrac{\partial}{\partial r}(r\tau_{rr}) + \dfrac{1}{r}\dfrac{\partial \tau_{\theta r}}{\partial \theta} + \dfrac{\partial \tau_{zr}}{\partial z} - \dfrac{\tau_{\theta\theta}}{r}\right] + F_r \tag{3-68}$$

θ 轴：$\rho\left(\dfrac{\partial v_\theta}{\partial t} + v_r\dfrac{\partial v_\theta}{\partial r} + \dfrac{v_\theta}{r}\dfrac{\partial v_\theta}{\partial \theta} + v_z\dfrac{\partial v_\theta}{\partial z} + \dfrac{v_r v_\theta}{r}\right)$

$$= -\dfrac{1}{r}\dfrac{\partial p}{\partial \theta} + \left[\dfrac{1}{r}\dfrac{\partial}{\partial r}(r\tau_{r\theta}) + \dfrac{1}{r}\dfrac{\partial \tau_{\theta\theta}}{\partial \theta} + \dfrac{\partial \tau_{z\theta}}{\partial z} + \dfrac{\tau_{r\theta}}{r}\right] + F_\theta \tag{3-69}$$

z 轴：$\rho\left(\dfrac{\partial v_z}{\partial t} + v_r\dfrac{\partial v_z}{\partial r} + \dfrac{v_\theta}{r}\dfrac{\partial v_z}{\partial \theta} + v_z\dfrac{\partial v_z}{\partial z}\right)$

$$= -\dfrac{\partial p}{\partial z} + \left[\dfrac{1}{r}\dfrac{\partial}{\partial r}(r\tau_{rz}) + \dfrac{1}{r}\dfrac{\partial \tau_{\theta z}}{\partial \theta} + \dfrac{\partial \tau_{zz}}{\partial z}\right] + F_z \tag{3-70}$$

忽略泥浆重力的影响，则圆柱坐标系（图 3-6）中泥浆流动速度的分布特征为：

$$\begin{cases} v_z = v(r) \\ v_r = 0 \\ v_\theta = 0 \end{cases} \tag{3-71}$$

由于环形空间关于 z 轴对称，$\dfrac{\partial}{\partial \theta} = 0$，偏应力张量 τ 仅是剪切速率 $\dot{\gamma}$ 的函数，而：

$$\dot{\gamma} = \dfrac{\mathrm{d}v(r)}{\mathrm{d}r} \tag{3-72}$$

仅为 r 的函数，则偏应力张量 $\tau_{r\theta} = \tau_{z\theta} = 0$，$\tau_{rz} = \tau(\dot{\gamma})$。式（3-68）～（3-70）可简化为：

r 轴：$0 = -\dfrac{\partial p}{\partial r} + \dfrac{\partial \tau_{rr}}{\partial r} + \dfrac{\tau_{rr} - \tau_{\theta\theta}}{r} \tag{3-73}$

θ 轴：$0 = \dfrac{\partial p}{\partial \theta} \tag{3-74}$

z 轴：$0 = \dfrac{1}{r}\dfrac{\partial}{\partial r}(r\tau_{rz}) - \dfrac{\partial p}{\partial z} \tag{3-75}$

对式（3-75）进行积分，得：

$$\tau_{rz} = \frac{r}{2}\frac{\partial p}{\partial z} + \frac{C}{r} \tag{3-76}$$

根据边界条件 $r = R_I$ 时，$\tau = 0$ 可确定积分常数 C：

$$C = -\frac{R_I^2}{2}\frac{\mathrm{d}p}{\mathrm{d}z} \tag{3-77}$$

则剪切应力的表达式为：

$$\tau_{rz} = \frac{1}{2}\frac{\mathrm{d}p}{\mathrm{d}z}\left(r - \frac{R_I^2}{r}\right) \tag{3-78}$$

根据幂律流体的本构方程，环形空间的流动区域可分为两部分，即：$r_p \leqslant r \leqslant R_I$，$R_I \leqslant r \leqslant R_B$。

①当 $r_p \leqslant r \leqslant R_I$ 时，$\dfrac{\mathrm{d}v}{\mathrm{d}r} > 0$，

$$\tau_{rz} = K\left(\frac{\mathrm{d}v}{\mathrm{d}r}\right)^n \tag{3-79}$$

根据式（3-78）、（3-79）可得：

$$\frac{\mathrm{d}v}{\mathrm{d}r} = \left[\frac{1}{2K}\left(-\frac{\mathrm{d}p}{\mathrm{d}z}\right)\right]^{\frac{1}{n}}\left(\frac{R_I^2}{r} - r\right)^{\frac{1}{n}} \tag{3-80}$$

对式（3-80）进行积分，可得速度分布为：

$$v(r) = \int\left[\frac{1}{2K}\left(-\frac{\mathrm{d}p}{\mathrm{d}z}\right)\right]^{\frac{1}{n}}\left(\frac{R_I^2}{r} - r\right)^{\frac{1}{n}}\mathrm{d}r \tag{3-81}$$

②当 $R_I \leqslant r \leqslant R_B$ 时，$\dfrac{\mathrm{d}v}{\mathrm{d}r} < 0$，

$$\tau_{rz} = K\left(-\frac{\mathrm{d}v}{\mathrm{d}r}\right)^n \tag{3-82}$$

同理可得速度分布规律为：

$$v(r) = \int -\left[\frac{1}{2K}\left(-\frac{\mathrm{d}p}{\mathrm{d}z}\right)\right]^{\frac{1}{n}}\left(r - \frac{R_I^2}{r}\right)^{\frac{1}{n}}\mathrm{d}r \tag{3-83}$$

考虑边界条件 $v(r_p) = v_p$，$v(R_B) = 0$，速度 $v(r)$ 的表达式可写为：

$$v(r) = \begin{cases} v_p + \int_{r_P}^{r}\left[\frac{1}{2K}\left(-\frac{\mathrm{d}p}{\mathrm{d}z}\right)\right]^{\frac{1}{n}}\left(\frac{R_I^2}{r} - r\right)^{\frac{1}{n}}\mathrm{d}r, \ r_p \leqslant r \leqslant R_I \\ \int_{r}^{R_B}\left[\frac{1}{2K}\left(-\frac{\mathrm{d}p}{\mathrm{d}z}\right)\right]^{\frac{1}{n}}\left(r - \frac{R_I^2}{r}\right)^{\frac{1}{n}}\mathrm{d}r, \ R_I \leqslant r \leqslant R_B \end{cases} \tag{3-84}$$

泥浆的总流量根据下式计算：

$$Q = \int_{r_P}^{R_B}2\pi r \cdot v(r) \cdot \mathrm{d}r \tag{3-85}$$

给定 $\mathrm{d}p/\mathrm{d}z$ 计算初值，联合式（3-84）、（3-85）进行迭代运算，可求得 $\mathrm{d}p/\mathrm{d}z$ 与 $v(r)$。管道回拖至点 i 处时泥浆拖曳阻力由下式计算：

$$(T_d)_i = K \left(\frac{\mathrm{d}v(r)}{\mathrm{d}r} \bigg|_{r=r_p} \right)^n \cdot \pi d_p \sum_{k=1}^{i-1} L_k \qquad (3-86)$$

在泥浆拖曳阻力的计算中，泥浆流动反向点的位置根据 Knight 等人的开挖实验数据来确定，即总安装长度的 7/12 处。反向点之前泥浆的总流量等于泥浆泵流量与导向孔中因管道拖入而被挤出的原有泥浆的流量之和，反向点之后泥浆总流量为零。值得注意的是，反向点之后管道承受的泥浆拖曳阻力仍大于零。

3.4.4 钻柱承受的阻力

钻柱在导向孔内承受的阻力与导向孔内管道类似，包括钻柱重量及由此引起的杆土摩擦力、导向孔方向改变引起的阻力与泥浆拖曳力。值得注意的是，在泥浆流动反向点出现之前，钻柱与导向孔构成的环形空间中泥浆流量为零，泥浆拖曳力阻碍钻柱回拖；反向点出现之后，泥浆流动方向与钻柱拖动方向相同，当泥浆流动速率大于钻柱回拖速率时，泥浆拖曳力对钻柱的回拖提供助推作用。钻柱承受的阻力为：

$$(T_s)_i = (T_b')_i + (T_d')_i + \sum_{k=i}^{n} \Delta T_{f-k}' \qquad (3-87)$$

式中：$(T_b')_i$ 为管道回拖至关键点 K_i 处时导向孔内的钻柱重量及由此引起的杆土摩擦力；$(T_d')_i$ 为管道回拖至关键点 K_i 处时钻柱承受的泥浆拖曳力；$\Delta T_{f-k}'$ 为钻柱通过关键点 K_k 处时钻柱因弯曲效应引起的回拖载荷增量。

3.4.5 卡盘处回拖载荷

基于上述分析，计算出回拖阻力的各项分力之后，根据静力平衡可计算卡盘处回拖载荷。管道回拖至关键点 K_i 处时卡盘处回拖载荷为：

$$(T_c)_i = (T_g)_i + (T_b)_i + (T_d)_i + \sum_{k=1}^{i-1} \Delta T_{f-k} + (T_s)_i \qquad (3-88)$$

3.4.6 木楔效应系数与管道位移

（1）物理模型。

管土相互作用分析在穿越曲线所处的二维平面内进行，因此，计算所得的管土间法向作用力仅为管土间作用力在垂直方向上的分力，土壤支撑管道时水平方向上也存在分力作用，如图 3-14 所示，两侧分力大小相等，方向相反，

尽管合力为零，但对管土间摩擦力有贡献作用。管道的受力状态与木楔钉入孔中时木楔的受力状态相似，因而将该现象称为木楔效应。将管土间作用力与管土间作用力在垂直方向上的分力的比值定义为木楔效应系数，记为 K_c；将管道从与导向孔初始界面相切的位置移动至平衡位置时其圆心的位移定义为管道位移，记为 s_p。

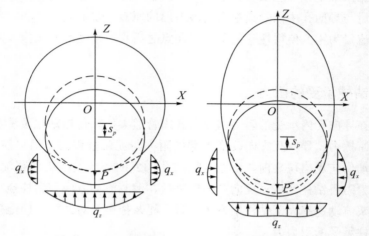

图 3-14 管道横截面上管－土相互作用分析示意图

求解 K_c 与 s_p 的影响因素包括管道外圆半径 r_p、壁厚 δ_p、管材弹性模量 E、管道承受的外载荷 P、地基反力系数 k、扩径比 OR、导向孔扁率 α。分析回拖过程中的管土相互作用时，物理模型简化为无限长管道位于横截面为圆形或椭圆形的 Winkler 地基中（图 3-4）。取承受外载荷为 P 的单位长度管道进行分析，忽略其重力影响；分析导向孔中管道重量及由此引起的管土摩擦力时，P 为单位长度管道引起的管土法向作用力；分析弯曲段阻力效应时，P 为绞盘效应、管道弯曲效应各自引起的管土法向作用力。

（2）单元刚度矩阵。

将管土相互作用视为平面应变问题，建立笛卡尔直角坐标系，圆形、椭圆形地基的圆心分别为原点。由于管道承受的载荷关于 Z 轴对称，取其 1/2 并采用标准的有限元格式分析管土相互作用，如图 3-15 所示，按等角度划分为 n 个单元，各单元长度相等，记为 l。采用每个结点有 3 个自由度的 2 结点平面刚架单元进行分析，结点位移包括单元轴线方向及其垂线方向上的线位移、结点转角，结点载荷包括轴力、剪力与弯矩。分析单元可分为两类，即与地基不接触的单元、与地基接触的单元，根据最小势能原理采用变分法可得与地基不接触的单元在单元局部坐标系下的单元刚度矩阵 $[K_1^e]$：

$$[K_1^e] = \frac{EI}{l^3} \begin{bmatrix} \dfrac{Al^2}{I} & 0 & 0 & -\dfrac{Al^2}{I} & 0 & 0 \\ 0 & 12 & 6l & 0 & -12 & 6l \\ 0 & 6l & 4l^2 & 0 & -6l & 2l^2 \\ -\dfrac{Al^2}{I} & 0 & 0 & \dfrac{Al^2}{I} & 0 & 0 \\ 0 & -12 & -6l & 0 & 12 & -6l \\ 0 & 6l^2 & 2l^2 & 0 & -6l & 4l^2 \end{bmatrix} \quad (3-89)$$

式中，I 为单元的截面惯性矩；A 为单元的横截面积。

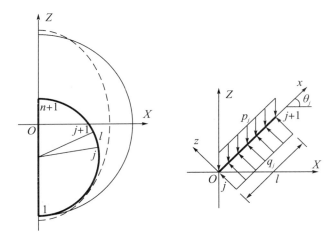

图 3-15　管道单元划分与单元受力示意图

局部坐标系下单元平衡方程为：

$$[K_1^e]\{\Phi^e\} = \{P^e\} \quad (3-90)$$

式中，$\{\Phi^e\}$ 为单元的结点位移列阵；$\{P^e\}$ 为单元的等效结点载荷列阵。

由于存在管土相互作用，单元刚度矩阵 $[K_1^e]$ 不能用于分析与地基接触的单元，下面推导其单元刚度矩阵。

采用 Winkler 模型描述地基，管道与地基之间的相互作用力为：

$$q(x) = kv(x) \quad (3-91)$$

式中，k 为地基反力系数；$v(x)$ 为管土接触点处沿管土接触面法向的位移。因管土相互作用产生的等效结点载荷列阵为 $\{P_c^e\}$：

$$\{P_c^e\} = \int_0^l kv(x)[N]^\mathrm{T}\mathrm{d}x = \int_0^l k[N]\{\Phi^e\}[N]^\mathrm{T}\mathrm{d}x \quad (3-92)$$

式中，$[N]$ 为形函数矩阵，$[N] = [0\ N_2\ N_3\ 0\ N_5\ N_6]$，其中：

$$N_2 = (l^3 - 3lx^2 + 2x^3)/l^3 \tag{3-93}$$

$$N_3 = (l^2 x - 2lx^2 + x^3)/l^2 \tag{3-94}$$

$$N_5 = (3lx^2 - 2x^3)/l^3 \tag{3-95}$$

$$N_6 = -(lx^2 - x^3)/l^2 \tag{3-96}$$

单元的平衡方程为：

$$[K_1^e]\{\Phi^e\} = \{P^e\} + \{P_c^e\} \tag{3-97}$$

将式（3-92）代入式（3-97）整理可得：

$$\left([K_1^e] + \int_0^l [N]^\mathrm{T}[N]\mathrm{d}x\right)\{\Phi^e\} = \{P^e\} \tag{3-98}$$

则与地基接触单元的刚度矩阵为：

$$[K_2^e] = [K_1^e] + \int_0^l [N]^\mathrm{T}[N]\mathrm{d}x$$

$$= \frac{EI}{l^3}\begin{bmatrix}
\dfrac{EA}{l} & 0 & 0 & -\dfrac{EA}{l} & 0 & 0 \\[2mm]
0 & \dfrac{12EI}{l^3}+\dfrac{13kl}{35} & \dfrac{6EI}{l^2}+\dfrac{11kl^2}{210} & 0 & -\dfrac{12EI}{l^3}+\dfrac{9kl}{70} & \dfrac{6EI}{l^2}-\dfrac{13kl^2}{420} \\[2mm]
0 & \dfrac{6EI}{l^2}+\dfrac{11kl^2}{210} & \dfrac{4EI}{l}+\dfrac{kl^3}{105} & 0 & -\dfrac{6EI}{l^2}+\dfrac{13kl^2}{420} & \dfrac{2EI}{l}-\dfrac{kl^3}{140} \\[2mm]
-\dfrac{EA}{l} & 0 & 0 & \dfrac{EA}{l} & 0 & 0 \\[2mm]
0 & -\dfrac{12EI}{l^3}+\dfrac{9kl}{70} & -\dfrac{6EI}{l^2}+\dfrac{13kl^2}{420} & 0 & \dfrac{12EI}{l^3}+\dfrac{13kl}{35} & -\dfrac{6EI}{l^2}-\dfrac{11kl^2}{210} \\[2mm]
0 & \dfrac{6EI}{l^2}-\dfrac{13kl^2}{420} & \dfrac{2EI}{l}-\dfrac{kl^3}{140} & 0 & -\dfrac{6EI}{l^2}-\dfrac{11kl^2}{210} & \dfrac{4EI}{l}+\dfrac{kl^3}{105}
\end{bmatrix}$$

$$\tag{3-99}$$

（3）等效节点载荷列阵。

取第 j 单元进行分析，记单元局部坐标系 x 轴与全局坐标系 X 轴间的夹角为 θ_j。假定单元内管土间作用力为均布载荷 q_j，大小等于单元中点处的管土作用力，则局部坐标系下单元 j 的等效结点载荷列阵为：

$$\{P_j^e\} = \left\{ \begin{array}{c} \dfrac{Pl}{4\pi r}\cos\left(\dfrac{3\pi}{2} - \theta_j\right) \\[2mm] \dfrac{l}{2}\left[q_j + \dfrac{Pl}{2\pi r}\sin\left(\dfrac{3\pi}{2} - \theta_j\right)\right] \\[2mm] \dfrac{l^2}{12}\left[q_j + \dfrac{Pl}{2\pi r}\sin\left(\dfrac{3\pi}{2} - \theta_j\right)\right] \\[2mm] \dfrac{Pl}{4\pi r}\cos\left(\dfrac{3\pi}{2} - \theta_j\right) \\[2mm] \dfrac{l}{2}\left[q_j + \dfrac{Pl}{2\pi r}\sin\left(\dfrac{3\pi}{2} - \theta_j\right)\right] \\[2mm] -\dfrac{l^2}{12}\left[q_j + \dfrac{Pl}{2\pi r}\sin\left(\dfrac{3\pi}{2} - \theta_j\right)\right] \end{array} \right\} \tag{3-100}$$

单元 j 不与地基接触时，$q_j = 0$；单元 j 与地基接触时，管道圆心与单元中点在整体坐标系中的坐标分别记为：$(0, Z_p)$，(X_m, Z_m)，则：

$$q_j = k\sqrt{(A - X_m)^2 + (B - Z_m)^2} \tag{3-101}$$

对于圆形地基：

$$A = \frac{\sqrt{\{1 + [(Z_m - Z_p)/X_m]^2\}R^2 - Z_p^2} - Z_p(Z_m - Z_p)/X_m}{1 + [(Z_m - Z_p)/X_m]^2} \tag{3-102}$$

$$B = -\sqrt{R^2 - A^2} \tag{3-103}$$

对于椭圆形地基：

$$A = \frac{\sqrt[b]{[(Z_m - Z_p)/X_m]^2 - (Z_p^2 - b^2)/a^2} - Z_p(Z_m - Z_p)/X_m}{[(Z_m - Z_p)/X_m]^2 + (b/a)^2} \tag{3-104}$$

$$B = -b\sqrt{1 - (A/a)^2} \tag{3-105}$$

（4）管土相互作用分析的计算步骤。

①划分管道单元，根据管道圆心的初始坐标计算结点坐标以及各单元局部坐标系 x 轴与整体坐标系 X 轴之间的夹角。

②假定管道为刚体，根据 Z 向的静力平衡条件通过迭代运算确定管道圆心的坐标，并判断两种单元的分界点。

③生成各单元的刚度矩阵与等效结点载荷列阵，并通过坐标转换合并成整体刚度矩阵与整体等效结点载荷列阵。

④根据力的边界条件与位移边界条件修改整体刚度矩阵与整体等效结点载荷列阵。

⑤采用 Doolittle 分解法求解整体平衡方程，得到结点位移，进而可计算木楔效应系数与管道位移。

3.5 本章结论

本章在总结评价已有回拖载荷预测方法的基础上，全面分析了回拖阻力的四项组成部分：管道重量及由此引起的管土摩擦力、导向孔方向改变引起的阻力、泥浆拖曳阻力与钻柱承受的阻力。此外，还采用解析方法提出了一种新的回拖载荷预测方法，详细分析了其物理模型与数学模型，其创新之处包括：

（1）采用 Winkler 土体模型描述土壤，回拖过程中土壤提供弹性支撑。基于这一假定，在计算管道弯曲效应引起的阻力时，考虑管道与土壤的相互作用，通过迭代法确定管土间法向作用力与管道位移。首次提出木楔效应以表征土壤对管道的包夹作用对回拖载荷的贡献，导向孔内管道与土壤相互作用时，其横截面内水平方向上存在一对大小相等、方向相反的分力，尽管合力为零，但对回拖载荷有贡献作用，因为此前各种回拖载荷预测方法仅使用管土间相互作用力在垂直方向上的分力来求解管土间摩擦力。木楔效应在导向孔内的管道重量及由此引起的管土摩擦力、导向孔方向改变引起的阻力、钻柱承受的阻力计算中均有涉及，在计算中引入木楔效应系数应予以表征。

（2）采用幂律流体模型描述泥浆，在考虑泥浆流动的非线性特性的情况下求解泥浆拖曳阻力。将泥浆流动的物理模型简化为幂律流体在同心环形空间中且其内管存在轴向运动的稳定流动，根据不可压缩流体的动量方程，结合泥浆流动的边界条件与相关假设，推导给出了圆柱坐标系下泥浆压降 $\mathrm{d}p/\mathrm{d}l$、流量 Q 与泥浆速度分布 $v(r)$ 之间的控制方程，采用数值计算方法进行迭代运算可确定 $v(r)$，进而求解泥浆拖曳阻力。分析中考虑了泥浆流动反向点的影响，反向点出现之后管道与导向孔构成的环形空间内泥浆流量变为零，根据工程经验将反向点位置定为总回拖长度的 7/12 处。

（3）首次将钻柱承受的阻力纳入回拖载荷中分析，以求解活动卡盘处回拖载荷。此前各种预测方法的计算结果均为回拖头处回拖载荷，预测值无法用于指导钻机型号的选取。将钻柱视为小径管道，采用钻杆杆身的尺寸参数求解钻柱承受的阻力，包括钻柱重量及由此引起的杆土摩擦力、导向孔方向改变引起的阻力与泥浆拖曳力。

（4）采用标准的有限元格式求解木楔效应系数与管道位移。根据 HDD 穿越工程的实际情况，建立横截面分别为圆形、椭圆形导向孔的两种物理模型用以研究管土间相互作用。采用每个结点有 3 个自由度的 2 结点平面刚架单元分析管道，根据最小势能原理并利用变分法推导给出与地基接触、不与地基接触两种单元的刚度矩阵，基于单元内管土间作用力为均布载荷的假定，推导给出单元载荷列阵的计算公式，通过 Doolittle 分解法求解平衡方程，得到结点位移，进而计算木楔效应系数与管道位移。

第4章　水平定向钻回拖载荷
预测初始参数研究

合理确定预测所需初始参数的取值是提高回拖载荷预测方法准确度与可靠性的重要保证，对回拖载荷预测方法而言，在最大限度范围内降低初始参数中的经验成分是唯一途径。由于 HDD 回拖阻力构成的复杂性，采用经验公式或等效阻力系数的思路计算回拖载荷难以满足准确度与可靠性的要求。因此，按照解析思路全面分析各项回拖阻力进而计算回拖载荷的方法是唯一提高预测准确度与可靠性的途径。本书遵循这一思路提出了回拖载荷的预测方法，在计算所需的各项初始参数中，管道与钻柱的尺寸参数、管材与杆材的弹性模量、泥浆密度与流量等参数可精确确定，对预测精度的影响很小，但导向孔扁率、泥浆流变参数、管土间摩擦系数等参数的选取具有一定的自由度，取值不合理会影响预测方法的准确度与可靠性。本章基于提出的回拖载荷预测方法，结合目前已有的相关实验研究成果，分析导向孔扁率、泥浆流变参数、管土间摩擦系数的取值方法，以期在最大限度范围内降低各参数取值的自由度，提高回拖载荷预测方法的准确度与可靠性。

4.1　导向孔扁率

在回拖载荷的预测中，由于木楔效应在导向孔内的管道重量及由此引起的管土摩擦力、导向孔方向改变引起的阻力、钻柱承受的阻力中均有存在，因而其对回拖载荷的计算结果有较大影响。在分析木楔效应并求解木楔效应系数与管道位移时，各项影响因素如管道外圆半径 r_p、壁厚 δ_p、管材弹性模量 E、管道承受的外载荷 P、地基反力系数 k、扩径比 OR 均可根据穿越工程的实际条件精确确定，但由于导向孔的横截面成型过程复杂，且工程中无法对其进行检测，导致导向孔扁率 α 只能依靠经验进行量化取值。本节总结现有研究成果，尝试给出本书在回拖载荷预测计算中需要的导向孔扁率 α。

4.1.1 导向孔横截面形状

在小型 HDD 穿越工程中，由于钻进长度短、管道半径小，在导向孔的钻进与扩孔阶段钻柱承受的推拉力较小，对导向孔孔壁的扰动较小，且小直径的扩孔器自重相对较小，扩孔或洗孔时的下沉作用相对较弱，因而导向孔横截面可近似视为圆形，其直径与最大扩孔器外径相同。1997 年滑铁卢大学采用 HDD 技术安装了两条 HDPE 管道，编号为 HD1-1、HD1-2 的穿越试验安装长度分别为 55 m、90 m，并分别于 2 年、10 个月后对安装的管道进行了开挖观测，观测点为管道入土曲线段、水平直线段、管道出土曲线段，图 4-1、图 4-2 分别给出了现场的观测照片。从图片中明显看出，各处导向孔均近似为圆形。

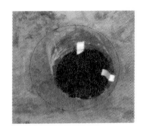

（a）管道入土曲线段　　　（b）水平直线段　　　（c）管道出土曲线段

图 4-1　HD1-1 穿越工程的导向孔横截面结构实物图

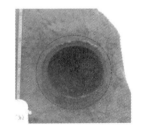

（a）管道入土曲线段　　　（b）水平直线段　　　（c）管道出土曲线段

图 4-2　HD1-2 穿越工程的导向孔横截面结构实物图

对于大中型 HDD 穿越工程，由于钻进距离长、扩孔次数多，钻柱对导向孔孔壁扰动较大，钻杆连接头处的外径大于杆身更是强化了扰动作用，且大直径扩孔器因自重造成的下沉作用对导向孔有明显的下扩倾向，致使导向孔横截面呈梨形，这已得到大量现场操作人员的印证。图 4-3 给出了梨形导向孔的结构示意图。

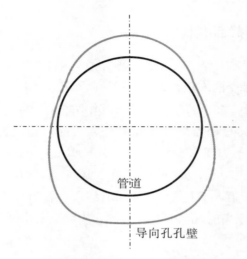

图4－3　梨形导向孔示意图

4.1.2　导向孔开挖观测实验

上节讨论了导向孔横截面的两种基本形状。受客观条件的限制，穿越工程中导向孔横截面的直接观测数据少之又少，滑铁卢大学的开挖观测并未详细测定导向孔的尺寸参数。为观测、分析并评价 HDD 导向孔环形空间的完整性，阿尔伯塔大学的 Beljan 对分别在黏土层、砂土层 HDD 安装的六条 HDPE 管进行了开挖观测实验，详细测定了导向孔的结构尺寸参数，检测结果如图4－4～图4－9所示。黏土层、砂土层分别安装了三条 HDPE 管，管径依次为 100 mm、200 mm、300 mm，扩径比均采用 1.5。图中标明了各开挖点的位置、距离安装完成的时间，虚线表示回拖管道时使用的扩孔器外形尺寸，管道、扩孔器、导向孔的尺寸按比例绘制。需要注意的是，扩孔器仅为尺寸对比，其位置不代表回拖过程中的实际位置。

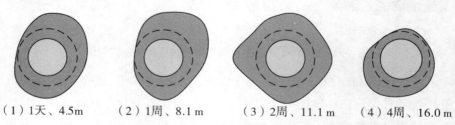

（1）1天、4.5m　　（2）1周、8.1 m　　（3）2周、11.1 m　　（4）4周、16.0 m

图4－4　HDPE 管（100 mm）黏土层穿越工程的导向孔横截面结构

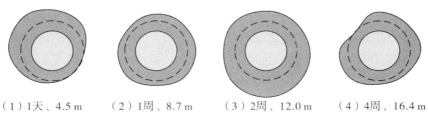

（1）1天、4.5 m　　（2）1周、8.7 m　　（3）2周、12.0 m　　（4）4周、16.4 m

图 4-5　HDPE 管（200 mm）黏土层穿越工程的导向孔横截面结构

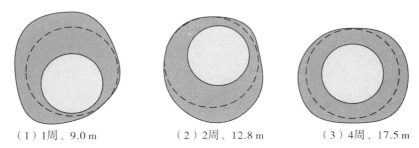

（1）1周、9.0 m　　　　（2）2周、12.8 m　　　　（3）4周、17.5 m

图 4-6　HDPE 管（300 mm）黏土层穿越工程的导向孔横截面结构

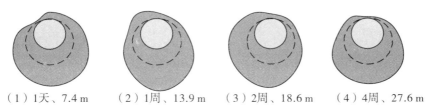

（1）1天、7.4 m　　（2）1周、13.9 m　　（3）2周、18.6 m　　（4）4周、27.6 m

图 4-7　HDPE 管（100 mm）砂层穿越工程的导向孔横截面结构

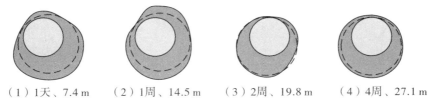

（1）1天、7.4 m　　（2）1周、14.5 m　　（3）2周、19.8 m　　（4）4周、27.1 m

图 4-8　HDPE 管（200 mm）砂层穿越工程的导向孔横截面结构

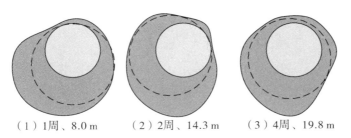

（1）1周、8.0 m　　（2）2周、14.3 m　　（3）4周、19.8 m

图 4-9　HDPE 管（300 mm）砂层穿越工程的导向孔横截面结构

69

图4-4～图4-9按尺寸比例给出了各观测点处的导向孔横截面结构示意图，下面给出具体的尺寸参数。如图4-10所示，以管道中心点O为参照点，按逆时针方向间隔$45°$在导向孔孔壁取测量点，编号为i，$i=1，2，…，8$，记录各测量点与O之间的长度L_i，如表4-1所示。

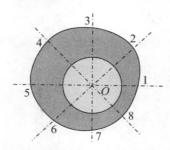

图4-10 导向孔尺寸测量点编号顺序

表4-1 导向孔结构尺寸数据 /mm

观测点			1	2	3	4	5	6	7	8
黏土层	100 mm	(1)	97	120	115	87	85	105	110	99
		(2)	110	140	120	90	75	90	113	95
		(3)	120	115	120	110	135	100	120	105
		(4)	85	80	80	75	95	110	100	95
	200 mm	(1)	155	195	205	220	210	180	160	148
		(2)	190	185	185	175	185	190	175	190
		(3)	212	200	200	210	205	224	234	225
		(4)	200	190	195	150	190	195	170	175
	300 mm	(1)	225	280	360	350	270	260	190	180
		(2)	200	250	195	230	260	310	340	280
		(3)	270	260	230	245	265	280	250	285

观测点			1	2	3	4	5	6	7	8
砂层	100 mm	(1)	110	80	72	60	100	145	170	155
		(2)	95	70	70	90	90	135	185	155
		(3)	85	70	65	90	125	155	175	130
		(4)	94	65	55	73	90	144	163	151
	200 mm	(1)	195	140	135	120	130	195	220	230
		(2)	175	175	160	120	140	180	220	215
		(3)	140	120	105	120	155	200	210	160
		(4)	148	121	112	127	159	198	214	193
	300 mm	(1)	210	185	175	175	310	380	360	285
		(2)	160	185	185	260	300	360	370	245
		(3)	230	200	190	210	280	335	370	240

4.1.3　导向孔扁率

本书的回拖载荷预测模型在描述椭圆形导向孔时，假定短半径 a 为导向孔半径的设计值；"啃边"现象引起导向孔超挖，导向孔的最大半径为长半径 b。则导向孔的扁率 α 等于：

$$\alpha = \frac{b-a}{b} \tag{4-1}$$

由于导向孔的实际横截面形状一般为不规则圆形且存在整体超挖现象，根据导向孔横截面的实际结构来确定 a、b 并计算 α 仍存在困难。例如 200 mm HDPE 管黏土层穿越工程的观测点（3），导向孔存在超挖，但超挖后导向孔的形状仍近似为圆形，扁率仍接近为 0，与式（4-1）得出的计算结果差别较大。为充分利用导向孔的观测数据，根据下述方法确定 α。假定导向孔半径的设计值为 a；各测量点处的 $b-a$ 值等于：

$$(b-a)_i = \begin{cases} 0 & L_i - (L_{i-1} + L_{i+1})/2 \leqslant 0 \\ L_i - (L_{i-1} + L_{i+1})/2 & L_i - (L_{i-1} + L_{i+1})/2 > 0 \end{cases} \tag{4-2}$$

式中，$i=1$ 时，L_{i-1} 为 L_8；$i=8$ 时，L_{i+1} 为 L_1。

对于某导向孔，$(b-a)_i$ 中的最大值作为该导向孔的 $b-a$ 值，由此可计算 α。采用表 4-1 的导向孔尺寸数据，计算 α 所得结果如表 4-2 所示。

表 4-2 导向孔的 $(b-a)_i$ 与扁率

		观测点	1	2	3	4	5	6	7	8	扁率
黏土层	100 mm	(1)	0	14	11.5	0	0	7.5	8	0	0.09
		(2)	0	25	5	0	0	20.5		0	0.14
		(3)	10	0	7.5	0	30	0	17.5	0	0.17
		(4)	0	0	2.5	0	2.5	12.5	0	2.5	0.08
	200 mm	(1)	0	15	0	12.5	10	0	0	0	0.05
		(2)	2.5	0	5	0	2.5	10	0	7.5	0.03
		(3)	0	0	0	7.5	0	4.5	9.5	2	0.03
		(4)	17.5	0	25	0	17.5	15	0	0	0.08
	300 mm	(1)	0	0	45	35	0	30	0	0	0.09
		(2)	0	52.5	0	2.5	0	10	45	10	0.10
		(3)	0	10	0	0	2.5	22.5	0	25	0.05
砂层	100 mm	(1)	0	0	2	0	0	10	20	15	0.12
		(2)	0	0	0	10	0	0	40	15	0.21
		(3)	0	0	0	0	2.5	5	32.5	0	0.18
		(4)	0	0	0	0.5	0	17.5	15.5	22.5	0.13
	200 mm	(1)	10	0	5	0	0	20	7.5	22.5	0.07
		(2)	0	7.5	12.5	0	0	0	22.5	17.5	0.07
		(3)	0	0	0	0	0	17.5	30	0	0.09
		(4)	0	0	0	0	0	11.5	18.5	12	0.06
	300 mm	(1)	0	0	0	0	32.5	45	27.5	0	0.09
		(2)	0	12.5	0	17.5	0	25	67.5	0	0.13
		(3)	10	0	0	0	7.5	10	82.5	0	0.15

从表 4-2 可以看出，导向孔扁率的波动范围为 0.03~0.21。扁率最小的导向孔为 200 mm HDPE 管黏土层穿越工程的观测点 (2)、(3)，均为 0.03；扁率最大的导向孔为 100 mm HDPE 管砂层穿越工程的观测点 (2)，为 0.21。总体来看，黏土层的导向孔扁率平均值小于砂层的导向孔扁率平均值，表明黏土层的成孔性能强于砂层。

4.2 泥浆流变参数

钻进液被称为水平定向钻（HDD）穿越工程的"血液"，在导向孔钻进、扩孔与管道回拖三个阶段均扮演着重要角色，主要表现为携带钻屑、润滑管道与稳定孔壁，对管道能否成功穿越起着关键作用。钻进液进入导向孔内与钻屑混合后生成泥浆，习惯上将两者统称为泥浆。鉴于泥浆的重要作用，目前大量学者在该领域展开研究工作，钻进液配方、泥浆流变特性、地表沉降与孔壁稳定性等均为当前的热点问题。然而，已有成果在 HDD 工程中的应用存在困难，施工队伍只能依靠各自的经验制定泥浆工艺参数。基于现有成果，深入研究泥浆的作用机理，揭示泥浆各宏观特征参数之间的内在联系，对 HDD 工程中泥浆工艺的制定极具指导意义。

4.2.1 泥浆流变模型

泥浆是典型的非牛顿流体，研究中采用的流体模型主要为 Bingham 塑性流体、幂律流体与 Hershel−Bulkley（H−B）流体，如图 4−11 所示。

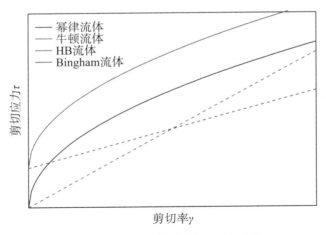

图 4−11 各流体模型流变曲线示意图

（1）Bingham 塑性流体模型。

该模型描述的流体从某种程度上讲是一种理想化的流体，这种流体需要有一定的外力作用才能开始流动，当外力超过初始应力之后，剪切速率与剪切应力之间的响应呈线性关系。其本构方程为：

$$\tau = \tau_0 + \mu_p \gamma \tag{4-3}$$

式中，τ_0 为屈服应力，μ_p 为塑性黏度，γ 为剪切速率。当 $\tau < \tau_0$ 时，流体保持静止状态，即 $\gamma = 0$；当 $\tau > \tau_0$ 时流体开始流动，并且 τ 与 τ_0 呈线性关系，μ_p 是常数。

此模型在 HDD 钻进液的描述中应用最为广泛，表达式通常为：

$$\tau = YP + PV \cdot \gamma \tag{4-4}$$

（2）幂律流体模型。

实验表明，许多种非牛顿流体的剪切速率与剪切应力之间不呈线性函数关系，但可以表示为简单的幂函数关系，也就是幂律流体模型。其本构方程为：

$$\tau = K\gamma^n \tag{4-5}$$

式中，K 为稠度系数，n 为流性指数。通常定义 $\mu_a = K\gamma^{n-1}$ 为幂律流体的表观黏度。当 $n < 1$ 时，表观黏度随剪切速率的增加而降低，这种流体称为假塑性流体；当 $n > 1$ 时，表观黏度随剪切速率的增加而增大，称为胀流型流体。

（3）H−B 流体模型。

H−B 流体也称为屈服−假塑性流体，这类流体具有屈服现象，并且剪切速率与剪切应力的响应呈非线性关系。其本构方程为：

$$\tau = \tau_0 + K\gamma^n \tag{4-6}$$

式中各参数定义与上述两模型相同。

由于泥浆流变性的复杂性，三种理想流体模型的使用效果各不相同，Hemphill 等人通过实验分析了钻进液的流变特性，研究表明 Bingham 流体模型仅在高剪切速率下（300～600 rpm）与实验数据有较好的一致性，幂律流体模型在低剪切速率下（0～100 rpm）与实验数据偏差较大，H−B 流体模型与钻进液流变曲线的实验结果有较好的一致性。针对 HDD 特殊工况，Ariaratnam 等人通过实验分析了钻屑含量不同的泥浆，数据表明幂律流体模型与 H−B 流体模型可较好地描述泥浆流变曲线，且泥浆存在 1.84 Pa 的屈服应力值。明显看出，H−B 流体模型描述泥浆流变特性的效果最佳，但由于三个参数的回归计算过于复杂，且根据此模型分析环形空间中的层流流动也无法获取解析解，只能通过图表法或数值法进行求解，以致此模型在泥浆水动力学研究中的运用受到限制。目前，Bingham 流体模型因其本构方程简单易用而获得广泛青睐，但应用效果不佳。

4.2.2 钻屑含量与剪切速率对泥浆流变性的影响

泥浆的钻屑含量由扩孔级数、钻进速度与钻进液流量决定，可通过泥浆密度表征钻屑含量的大小。Ariaratnam 等人给出了其流变剪切实验的部分数据，实验中使用黏土泥灰岩作为钻屑，物性指标为：含水量 34.2%，干重 1391 kg/m³，土壤内摩擦角 16°，内聚力 47.8 kPa，液限 62%，塑性指数 29。配制两种钻进液，配方分别为：① 膨润土 Bore－Gel™ 40 kg/m³、降失水剂 Quiktrol™ 1.1 kg/m³；②膨润土 Bore－Gel™ 34 kg/m³、孔壁稳定剂 EZ－Mud™ 2.6 kg/m³。将钻屑与钻进液按照不同比例混合，得到各既定密度的泥浆样品，并采用 FANN 35A 流变仪进行实验分析。实验得出的流变剪切数据如表 4－3、4－4 所示。

表 4－3　由钻进液①所得泥浆的流变剪切数据

泥浆密度/kg·L⁻¹		1.02	1.04	1.08	1.14
马氏漏斗黏度/s		36	38	64	＞500
转子转速 /rpm	600	12.0	12.9	25.4	52.7
	300	7.7	8.1	17.7	42.6
	200	6.2	6.2	13.4	28.3
	100	4.3	4.3	9.1	21.1
	6	2.4	1.4	2.9	7.2
	3	1.9	1.0	1.4	4.8

表 4－4　由钻进液②所得泥浆的流变剪切数据

泥浆密度/kg·L⁻¹		1.02	1.04	1.08	1.14
马氏漏斗黏度/s		47	57	—	—
转子转速 /rpm	600	13.4	31.6	50.8	47.9
	300	9.1	21.1	37.4	38.8
	200	7.7	15.8	31.1	36.4
	100	5.7	10.5	25.9	30.7
	6	3.8	5.3	14.8	9.1
	3	2.9	4.3	10.1	7.7

回归所得流变曲线难以涵盖各剪切速率下的实验数据，表明剪切速率对泥浆流变特性有影响，即不同剪切速率下的实验数据经过回归得到不同的流变参数。Chin 认为将按照标准程序获得的流变参数用于分析非牛顿流体的流动特性得不到准确结果，应根据流体剪切速率的实际范围选取流变剪切数据的回归

流变参数，并将其用于相关计算。Baumert 等人在 HDD 泥浆水动力学研究中，采用不同剪切速率下的流变剪切数据的回归流变参数，并将其用于分析泥浆压力梯度，计算结果（1.96 kPa 与 0.56 kPa）相差 2.5 倍之多，对比分析后推荐采用低剪切速率下的流变剪切数据。可以看出，因剪切速率不同引起的泥浆流变参数差异在研究中不能忽略，表 4—3 中密度为 1.14 kg/L 的泥浆在不同剪切速率下的流变剪切数据的回归相应流变参数如表 4—5 所示。

表 4—5　泥浆流变参数

转子转速/rpm	Bingham 流体		幂律流体	
	YP/Pa	PV/cP	K/Pa·s^n	n
①300、600	32.6	21	6.4366	0.3063
②6、100	6.3	93	3.0488	0.3817

4.2.3　导向孔孔底泥浆压力分布规律

研究导向孔孔底的泥浆压力分布问题有助于解决导向孔孔壁稳定分析与泥浆拖曳阻力的求解。求解泥浆拖曳阻力存在两条思路：一是根据所得孔底泥浆压力，通过活塞效应进行计算；二是获得管道外表面处的泥浆剪切应力，进而求解泥浆拖曳阻力。前者没有考虑泥浆流动的黏滞阻力以及对导向孔孔壁的剪切作用，明显高估泥浆拖曳阻力，后者贴近工程实际情况，现有方法又可分为两种：一是根据施工经验直接给定剪切应力值，有较大的随意性，难以适应千变万化的 HDD 工程；二是通过解析计算获得剪切应力值。采用解析方法研究 HDD 泥浆流动规律进而求解泥浆拖曳阻力是最佳选择，该方法可通过对比导向孔孔底泥浆压力的实测值与解析解来评价计算的准确度。

美国 Baroid 公司在其钻进液使用手册中，根据 Bingham 流体在平行板间的层流流动规律，推导给出了导向孔中泥浆流动的压力梯度计算公式：

$$\frac{\mathrm{d}p}{\mathrm{d}l} = \frac{47.88\mu_p v_a}{(D_B - d_p)^2} + \frac{6\tau_0}{D_B - d_p} \tag{4-7}$$

式中：$\mathrm{d}p/\mathrm{d}l$ 为泥浆压力梯度，μ_p 为塑性黏度，τ_0 为屈服应力，v_a 为泥浆平均流速，D_B 为导向孔直径，d_p 为管道外表面直径。

同样采用 Bingham 流体模型，石油工程师学会（SPE）根据式（4—8）计算了同心环形空间中层流流动的流体压力梯度：

$$\frac{\mathrm{d}p}{\mathrm{d}l} = \frac{14.58\mu_p v_a}{(D_B - d_p)^2} + \frac{1.83\tau_0}{D_B - d_p} \tag{4-8}$$

针对 HDD 技术，Polak 与 Lasheen 从 Navier－Stokes 方程出发，将内管轴向运动纳入考虑，推导了导向孔中泥浆流动的压力梯度计算公式，但分析中泥浆被假定为牛顿流体：

$$\frac{\mathrm{d}p}{\mathrm{d}l} = \frac{8\mu}{\pi} \frac{Q - \pi v_p \left[r_p^2 - \frac{R_B^2 - r_p^2}{2\ln(R_B/r_p)} \right]}{R_B^4 - r_p^4 - \frac{(R_B^2 - r_p^2)^2}{\ln(R_B/r_p)}} \tag{4-9}$$

式中：μ 为动力黏度，Q 为泥浆流量，v_p 为管道回拖速度，R_B 为导向孔半径，r_p 为管道半径。

本书将泥浆流动视为幂律流体在同心环形空间中的稳定流动，且内管存在轴向运动，根据不可压缩流体的动量方程推导给出了泥浆压降与流速的计算公式：

$$v(r) = \begin{cases} v_p + \int_{r_p}^{r} \left[\frac{1}{2K} \left(-\frac{\mathrm{d}p}{\mathrm{d}z} \right) \right]^{\frac{1}{n}} \left(\frac{R_I^2}{r} - r \right)^{\frac{1}{n}} \mathrm{d}r & r_p \leqslant r \leqslant R_I \\ \int_{r}^{R_B} \left[\frac{1}{2K} \left(-\frac{\mathrm{d}p}{\mathrm{d}z} \right) \right]^{\frac{1}{n}} \left(r - \frac{R_I^2}{r} \right)^{\frac{1}{n}} \mathrm{d}r & R_I \leqslant r \leqslant R_B \end{cases} \tag{4-10}$$

$$Q = \int_{r_p}^{R_B} 2\pi r \cdot v(r) \cdot \mathrm{d}r \tag{4-11}$$

给定 $\mathrm{d}p/\mathrm{d}z$ 一个计算初值，联合两式进行迭代运算，可求得 $\mathrm{d}p/\mathrm{d}z$ 与 $v(r)$。

下面通过计算实例考察各相关因素对泥浆流动分析的影响。泥浆以 187 L/min 的流量在外管直径为 250 mm、内管直径为 168 mm 的同心环形空间中流动，内管运动速率为 0.05 m/s。分别根据 Baroid 公司、SPE、本书方法并采用表 4－5 给出的两组流变参数来计算泥浆压降，如表 4－6 所示。

表 4－6　泥浆压降计算结果

计算方法		Baroid 公司	SPE	本书方法
泥浆压降 /Pa · m⁻¹	①	2402.7	732.8	928.8
	②	537.7	163.9	548.1

从表 4－6 的计算结果可以看出，采用不同计算方法获得的泥浆压降差别很大，最大值是最小值的 3 倍之多；流体模型的选取对计算结果也有显著影响；对于同一种计算方法，采用不同剪切速率下流变剪切数据回归的流变参数所得出的泥浆压降结果差别很大，Baroid 公司与 SPE 所给方法的对应结果大

小值之比均约为 4.5，本书方法的计算结果大小值之比约为 1.7。根据以上分析，泥浆压降对流变模型、分析方法、流变参数均有较高的敏感性。下节内容将讨论不同组合的计算精确度的评价方法。

4.2.4　泥浆流变参数的确定方法

欲求解泥浆拖曳阻力，需分析泥浆流动问题的步骤是选定合适的流变模型、根据流变剪切数据回归流变参数、基于流变参数计算管道外表面处的泥浆剪切应力。本书提出的计算方法采用幂律流体模型，需要确定的流变参数为稠度系数 K 与流性指数 n，上节的分析内容表明泥浆剪切应力的计算结果对流变参数的取值高度敏感，因此，研究泥浆流动的关键为流变参数的取值问题。

在管道回拖阶段，泥浆在环形空间中的流动问题可视为幂律流体在半封闭空间中的流动问题。由于实际工程问题的复杂性，如环形空间并非同心圆形空间、导向孔中的各处泥浆并非均质同性流体、半封闭空间的压降难以精确测定等因素的存在，以致从现场施工操作的角度难以找到可以准确研究泥浆流动问题的手段。为评价选取的流变参数是否合理，选用现场可采集数据中的两项参数，即导向孔孔底的泥浆压力、泥浆流动反向点处的回拖载荷骤降值。下面通过实例分析给出两项评价参数的使用方法。

滑铁卢大学自 1996 年启动了一项 HDD 现场试验项目，并于 2001 年进行了第三次管道安装试验，包括 HD3－1、HD3－2、HD3－3 三条管道。其分别在管道的回拖头、距回拖头 2 m 与 6 m 处位置（编号依次为 a、b、c）安装了压力传感器，以检测回拖过程中导向孔孔底泥浆的压力波动规律。HD3－2 试验管道为长 177 m、公称直径 150 mm、SDR11 的 MDPE 管；管道外表面直径为 168 mm，导向孔直径为 250 mm，采用 Ditch Witch 2040 钻机，配套的泥浆泵最大流量为 120 L/min；管道回拖速率为 3.0 m/min（见表 4－7）。

表 4－7　泥浆压力分析所需参数

D_B/mm	d_p/mm	Q/L·min^{-1}	v_p/m·s^{-1}	K/Pa·s^n	n	μ_p/Pa·s	τ_0/Pa	μ/Pa·s
250	168	120	0.05	6.4366	0.3063	0.021	32.6	0.072

在回拖过程中，导向孔中泥浆的流动方向会发生变化，由初始阶段沿管道拖动的反方向流动至后来同方向流动，流动方向发生变化的位置可称为泥浆流动反向点。这一现象在三次现场安装试验中均得到验证，泥浆流动反向点于回拖过程进行 180 分钟、管道回拖至总安装长度的约 2/3 处出现。分析泥浆压力随回拖距离的变化曲线（见图 4－12），反向点出现于约 150 m 处（曲线 a）。

此处研究反向点之前的泥浆流动，泥浆压力与回拖距离呈现较好的线性关系，泥浆压力梯度约为 1200 Pa/m。结合表 4-5、4-6 的数据可以看出，采用 300 rpm、600 rpm 剪切数据回归（K，n）并将其用于泥浆压力梯度，这样得出的计算结果精度最高。

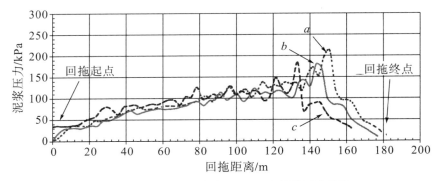

图 4-12　管道安装试验 HD3-2 中泥浆压力曲线

泥浆流动出现反向点时，由于管道与导向孔构成的环形空间中的泥浆流量迅速减为零，泥浆对管道外表面的剪切应力相应迅速减小，此现象令回拖载荷检测曲线在反向点位置处产生骤降（见图 4-13）。对比骤降值的分析结果与实测值亦可作为评价所用流变参数数值是否合理的一项判据，表 4-8 给出了 HD3-2、HD3-3 在反向点处的回拖载荷骤降实测值与泥浆拖曳阻力骤降预测值。从表中数据可以看出，预测值均小于实测值，这是由于泥浆流量减为零对回拖载荷的影响涉及两个方面：泥浆拖曳阻力与绞盘效应引起的阻力。两项阻力均随泥浆流量减小而减小，由于缺乏精确的穿越曲线结构数据，骤降预测值仅为泥浆拖曳阻力的减小值。

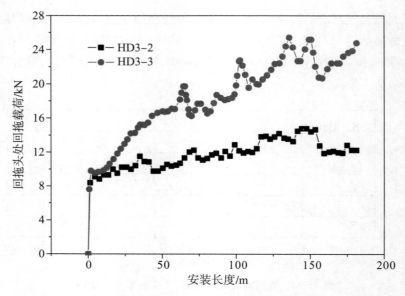

图 4-13　回拖头处回拖载荷实测值

表 4-8　反向点处回拖载荷骤降实测值与泥浆拖曳阻力骤降预测值

试验编号	实测值/N	预测值/N
HD3-2	2780	1098
HD3-3	4450	1450

4.3　管土间摩擦系数

　　根据 Baumert 与 Allouche 对 Driscopipe 模型、Drillpath 模型、AGA 模型的计算敏感性分析，泥浆密度、导向孔内管土摩擦系数、地表面管土摩擦系数是对计算结果影响最大的前三项因素，可以看出，管土间摩擦系数是预测回拖载荷的一项重要初始参数。现有的各种预测方法均未明确其所用摩擦系数的准确含义，多数摩擦系数为经验系数或等效阻力系数。摩擦系数含义的模糊性以及取值过程中的主观性限制了各种预测模型的可靠性，使得回拖载荷预测工作退化为一种事后的验证工作，难以给出真正意义上的回拖载荷预测。此外，由于各种预测模型均未全面考虑回拖阻力的各项组成部分，分析中未考虑的阻力作用只能通过提高摩擦系数数值的方式进行弥补，如此一来，通过实验手段检测的符合库伦摩擦定律的管土间摩擦系数便无法用于回拖载荷的分析计算。

4.3.1　摩擦系数分类

在回拖载荷预测分析中，采用的管土间摩擦系数有两个：地表面管土摩擦系数 μ_g、导向孔内管土摩擦系数 μ_b。

μ_g 与管道材料、地表类型及含水量、减阻措施等因素有关。Chehab 推荐取值 0.1~0.8。Baumert 认为减阻措施起决定性作用，推荐取值 0.1~0.5。ASTM 给出的推荐值更为精确，建议取值 0.5，当采用滑轮减阻措施时取值 0.1。工程实践中，回拖阶段要求管道沿穿越轴线布置在入土点一侧，需要有一段狭长地带来满足施工需求，该场地的总长度一般为穿越管道的长度再加上 20m。对多数穿越工程而言，地势平坦且为直线的狭长地带是难以寻找的，通常地表面地势起伏，存在高差，甚至无法找到拥有足够长度的场地，管道只能沿曲线摆放或者采用回拖与焊接交替进行的施工工艺。然而，目前凡是考虑这一阻力作用的预测模型，包括本书提出的计算方法，在分析导向孔外管道重量及由此引起的管土摩擦力时，均假定完整长度的管道沿穿越轴线平坦地摆放在入土点一侧。该假定与实际情况的偏离使 μ_g 成为一项等效阻力系数，只能依靠工程经验进行选取，架空发送法、滑轮发送法、管沟发送法等减阻工艺的采用进一步增加了此项系数的经验成分。对于本书所提的计算方法，除依据工程经验取值外，还可根据回拖起点处的回拖载荷实测值修正此项系数，但修正此项系数后进行的回拖载荷预测对钻机型号的选择再无参考意义。

μ_b 受管道外表面材料、土壤类型、泥浆物性等因素的影响，Huey 等人建议 AGA 模型中 μ_b 采用 Maidla 等人给出的推荐值 0.21~0.3，在 HDD 设计计算中得到广泛采用；ASTM 则推荐取值 0.3；针对 HDD 的工况条件，Conner 与 EI-Chazli 采用实验手段各自研究了钻进液作用下的 μ_b，数据结果表明 μ_b 的取值受泥浆物性影响有大幅波动。Polak 模型与本书提出的预测模型在回拖载荷的计算中，μ_b 为符合库伦摩擦定律的摩擦系数，管土之间的摩擦力等于管土间法向作用力与 μ_b 的乘积。由于 Polak 模型考虑的阻力因素不全面，采用管道与土壤之间的实际摩擦系数值得出的回拖载荷预测值偏小。对于本书所提的计算方法，可依据具体施工条件严格按照 μ_b 的实验测定值取值使用，除采用实验手段确定 μ_b 外，还可通过回归方法进行分析，即基于 HDD 工程数据，根据特定位置处的回拖载荷值反算 μ_b。

4.3.2　摩擦系数的实验研究

HDD 应用中，管道材料、土壤类型、泥浆压力与黏度等因素明显区别于油气钻井领域，摩擦系数也因此不同。针对 HDD 的特殊工况，Conner 通过实验研究了石墨铸铁管、HDPE 管与砂层、黏土层之间的摩擦系数，实验中考虑了土层含水量、管道表面处理情况以及是否使用泥浆的影响。EI-Chazli 等人认为 Conner 分析钻进液影响的方法不符合实际工况，且所得数据散落，没有规律性，因而通过自制设备发展了 Conner 的研究，实验中考虑到了钻进液在孔壁附近渗漏失水形成泥饼的影响，并严格控制钻进液的制备工艺，分析表明钻进液的制备时间对摩擦系数有重要影响。

图 4-14 为 EI-Chazli 采用的室内实验系统。定量混合特定类型的干燥土壤与蒸馏水得到特定含水量的土壤，分三层加入剪切盒中，每层土壤均采用标准普罗克特锤夯实至规定密度（ASTM D1557）范围内，土壤顶部设置直径为 1.5 倍管径的圆柱形凹陷以模拟导向孔形状。使用自制搅拌设备配置钻进液，配置过程中精确控制膨润土类型、添加物、搅拌时间、搅拌速率、制备时间等因素。将配制好的钻进液注入密封的剪切盒中，维持恒压（200 kPa）10 分钟后自然卸压 10 分钟，泥饼生成后（厚度约 2 mm）仔细清理多余的钻进液。将管道样品置于土壤凹陷处，进行剪切实验以测量相关数据。根据实验数据即可获得特定条件下的管土摩擦系数，表 4-9 给出了部分计算结果。研究中发现钻进液制备时间对管土摩擦系数有显著影响，制备时间越长，泥饼对管道的润滑作用效果越佳，图 4-15 为实验检测的 PVC 管道与砂土之间的摩擦系数随钻进液制备时间变化的曲线，从图中可以看出，钻进液制备 300 min 后，管土摩擦系数为 0.24 ± 0.03。

图 4-14　泥浆作用下管土间摩擦系数的实验检测系统

表 4－9　泥浆作用下管土间摩擦系数的检测结果

管材	粒级分明的砂		均质砂	
	水饱和	泥饼	水饱和	泥饼
PVC	0.48	0.31	0.44	0.33
钢管	0.52	0.46	0.49	0.39

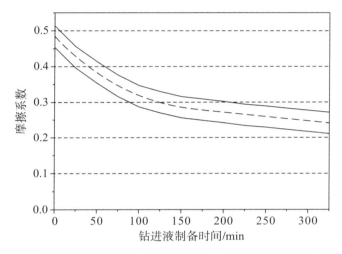

图 4－15　泥浆制备时间对管土间摩擦系数（PVC 管道与砂土）的影响

4.3.3　摩擦系数的确定方法

（1）管道与导向孔孔壁间摩擦系数。

依据 HDD 穿越工程的实际工况，确定本书所提预测方法计算所需的各项初始参数，变动 μ_b 求解某特定回拖位置处相应的回拖载荷值，然后对比回拖载荷实测值从而确定穿越工程对应条件下的 μ_b。下面通过工程实例给出详细的分析步骤。

工程参数选自滑铁卢大学在 2001 年开展的 HDD 安装试验（HD3－1/2：MDPE 管；HD3－3：HDPE 管），三次穿越试验在同一导向孔中完成，图 4－16 为预测分析采用的穿越曲线几何结构，表 4－10 为回拖载荷预测分析中所需的各项参数值。

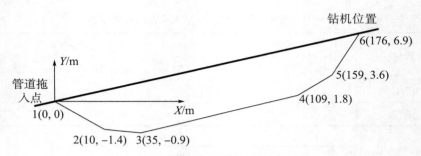

图4-16 HDD穿越曲线结构参数

表4-10 回拖载荷预测分析所需的各项参数

参数	μ_g	μ_b	E_P	d_P	D_B	v_p
单位	—	—	MPa	mm	mm	$m \cdot s^{-1}$
HD3-1/HD3-2	—	—	700	168	250	0.05
HD3-3	—	—	700	219	300	0.05
参数	Q	γ_p	γ_s	K	n	—
单位	$L \cdot min^{-1}$	$kN \cdot m^{-3}$	$kN \cdot m^{-3}$	$Pa \cdot s^n$	—	—
HD3-1/HD3-2	120	9.2	12	6.4366	0.3063	—
HD3-3	120	9.2	12	6.4366	0.3063	—

在回拖终点处，管道完全拖入导向孔中，回拖阻力的组成部分，包括导向孔外管道重量及由此引起的管土摩擦力、钻柱承受的阻力均等于零，则μ_g对关键点6处的回拖载荷无影响，且此处回拖头处的回拖载荷与活动卡盘处的回拖载荷相等。变动μ_b计算相应的回拖载荷值，如图4-17所示。

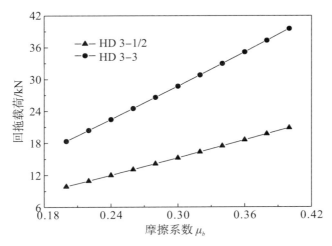

图 4-17 关键点 6 处回拖载荷值与 μ_b 的关系曲线

结合三次安装试验的回拖载荷实测值（见表 4-11），在泥浆作用下 MDPE 管道与黏土地层之间的摩擦系数约为 0.244，HDPE 管道与黏土地层之间的摩擦系数约为 0.256。可以看出，采用上述方法回归得到的管土摩擦系数在 EI-Chazli 的实验检测结果范围之内，这表明本书预测方法中使用的导向孔内管土摩擦系数为符合库伦摩擦定律的摩擦系数，计算中可直接使用实验测定的管土摩擦系数。

表 4-11 关键点 1、6 回拖头处回拖载荷实测值

试验编号		HD3-1	HD3-2	HD3-3
回拖载荷/kN	1	8.0	8.0	9.5
	6	12.08	12.24	24.10

（2）管道与地表间摩擦系数。

由于 μ_g 为一项经验阻力系数，在 HDD 穿越工程的设计阶段，只能结合拟穿越地段的地形地貌条件、拟采取的管道发送方法以及工程经验取值。而施工时在回拖起点处还可根据回拖载荷实测值修正 μ_g，有助于提高回拖载荷的预测精度，其求解思路与 μ_b 类似。仍然采用上述工程实例进行分析，根据回拖时完整长度的管道沿穿越轴线平坦地摆放在入土点一侧的假设，由关键点 1 与 6 确定的平面即为放置管道的地表面，变动 μ_g 计算管道回拖起点处的回拖头处回拖载荷，如图 4-18 所示。

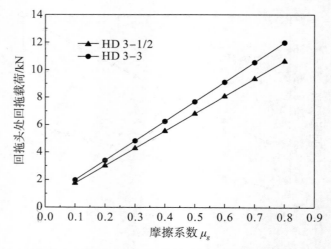

图 4-18　关键点 1 处回拖头处回拖载荷与 μ_g 的关系曲线

结合表 4-11 给出的关键点 1 处的回拖头处回拖载荷实测值，MDPE、HDPE 管道与地表间的摩擦系数分别约为 0.59、0.63。两项穿越试验的 μ_g 值近似相等，但数值偏高，其原因在于试验中均未采取减阻措施，而是直接将管道放置在地表面进行回拖，此外，由于在管道入土一侧的穿越轴线上存在障碍物，回拖时管道并未沿穿越轴线放置，这也是 μ_g 数值偏高的原因之一。

4.4　本章结论

在回拖载荷的预测计算中，导向孔扁率、泥浆流变参数与管土间摩擦系数三项初始参数目前仍无法根据现场条件精确确定，取值时存在较大自由度，不利于回拖载荷预测方法准确度与可靠性的提高。本章总结已有的研究成果，结合提出的回拖载荷预测方法，详细讨论了三项初始参数的确定方法，得出以下结论：

（1）基于椭圆形假设，导向孔扁率 α 等于长、短半径之差与长半径的比值。根据阿尔伯塔大学的开挖观测结果，实际的导向孔横截面为不规则圆形且存在整体超挖现象。为了能够根据导向孔横截面的实际结构计算 α，假定导向孔半径的设计值为短半径，长、短半径之差等于各测量点 $(b-a)_i$ 中的最大值，进而计算 α。根据开挖观测数据，采用上述方法得出的 α 取值范围为 0.03～0.21。

（2）Bingham 流体模型、幂律流体模型、H-B 流体模型三种非牛顿流体模型均可描述泥浆的流变特性，且后两者的流变曲线可更好地吻合泥浆的流变剪切实验数据。钻屑含量与剪切速率对泥浆的流变特性有重要影响。根据工程实例的对比分析，采用幂律流体模型分析泥浆流动问题、计算泥浆压力梯度时的精度高于采用 Bingham 流体模型的 Baroid、SPE 经验公式；根据流变剪切实验数据的回归流变参数（K，n）进而计算泥浆压力梯度时，采用高剪切速率下（300 rpm、600 rpm）实验数据的计算精度明显高于低剪切速率下（6 rpm、100 rpm）实验数据的计算精度。

（3）管土间摩擦系数包括管道与地表间摩擦系数 μ_g、管道与导向孔孔壁间摩擦系数 μ_b。μ_g 为一项等效阻力系数，受管道材料、地表类型及含水量、减阻措施等因素影响，有较宽的取值范围（0.1~0.8）。在回拖起点处，由于回拖头处回拖载荷与 μ_g 有直接关系，可根据实测值采用本书的回拖载荷预测方法反算 μ_g 并用于后续回拖载荷的预测计算。本书的回拖载荷预测方法中所使用的 μ_b 为严格符合库伦摩擦定律的摩擦系数，计算中可直接采用 EI−Chazli 的实验测定结果。

第5章 水平定向钻回拖载荷预测
软件与工程实例分析

　　回拖载荷计算所需的初始参数获取于不同工程阶段，在达到相关阶段之前进行预测分析时，对应初始参数只能根据设计值或经验值确定，由于管道回拖阶段之前的回拖载荷预测分析对穿越工程才有实际指导意义，且预测工作越靠前，可指导的穿越工程工艺参数范围越广，故为减小回拖载荷、获得最佳工艺参数组合，需采用不同初始参数组合来进行大量的预测分析。此外，本书预测方法中涉及迭代运算，如泥浆拖曳阻力计算、管土相互作用分析、钻柱承受的阻力计算等，采用手工运算无法解决问题。因此，只有结合当前的计算机技术，将回拖载荷预测方法程序化方能解决问题。软件开发平台 Borland C++ Builder 利用发展成熟的 Delphi 可视化组件库，充分发挥 Borland C++ 编译器的诸多优点，并结合基于组件的程序设计技术，成为一款优秀的可视化应用程序开发工具。本书采用 C++ Builder 开发回拖载荷预测分析软件，将本书的回拖载荷预测模型、Driscopipe 模型、ASTM 模型、Polak 模型程序化，用户界面简洁，预测结果呈图表化显示，可方便地实现回拖载荷的预测分析功能。

　　利用编制的回拖载荷预测软件，对收集的 HDD 穿越工程数据进行验证分析，通过分析来评价本书的回拖载荷预测方法的准确度与可靠性，计算中的部分初始参数采用第 4 章的方法来确定。

5.1 软件简介

　　回拖载荷预测分析软件综合本书预测模型、Driscopipe 模型、ASTM 模型、Polak 模型，致力于回拖载荷的计算分析。CNPC 模型计算简单，两项经验系数的选取是分析的关键，在确定摩擦系数与黏滞系数后，通过手工计算即可得出回拖载荷最大值，本软件并未纳入。

　　软件主要具有以下特点：界面友好，操作简单；穿越曲线结构参数录入后，就会在图中绘制导向孔结构图，直观形象、便于参数校对；图表以两种格式显示回拖载荷预测值，并可以文本形式保存预测结果；综合多种预测方法，对于同一穿越工程可采用不同预测模型进行对比分析。

　　本软件可在 Windows 操作系统下运行。安装时，双击 Setup.exe 程序，待安装包初始化后进入安装导航页面，根据提示选择合适的安装路径、快捷菜单完成安装。安装完毕后，点击屏幕上"回拖载荷预测.exe"或开始菜单里的"中国石油大学－>回拖载荷预测.exe"即可启动回拖载荷预测分析软件。图 5－1 为软件运行的主界面。

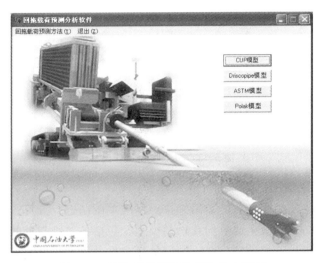

图 5－1　回拖载荷预测分析软件主界面

5.2　软件的基本功能模块

5.2.1　CUP 模型

　　采用本书的回拖载荷预测方法进行计算时，需输入的初始参数包括穿越曲线关键点总数以及各点对应的坐标与地层类型、管道直径与壁厚、管材密度与弹性模量、钻杆直径与壁厚、杆材密度与弹性模量、导向孔直径、管道与地表面之间的摩擦系数、管道/钻柱与导向孔孔壁之间的摩擦系数、泥浆密度与泵量、泥浆稠度系数与流性指数、管道回拖速率、导向孔扁率。

　　参数录入完毕后点击"预测计算"按钮即可进行预测分析，显示的结果包括：绘制导向孔结构图（穿越曲线轴线与上下导向孔孔壁），绘制回拖头处回拖载荷与卡盘处回拖载荷随安装长度变化的曲线，表格显示各关键点坐标及对

应的卡盘处回拖载荷预测值。点击"保存"按钮后可以文本格式保存本次预测分析的相关数据，包括初始参数与预测结果。图 5－2 为 CUP 模型的操作窗体。

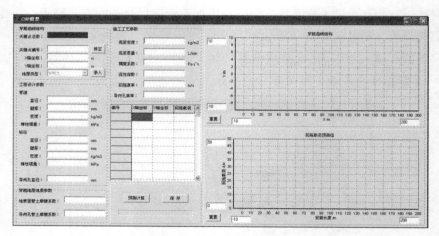

图 5－2　CUP 模型操作窗体

CUP 模型预测回拖载荷的计算步骤为：

（1）读入各项初始参数的数值并按照标准单位制进行换算。

（2）根据初始参数生成导向孔物理模型，包括各关键点处的导向孔孔壁坐标、管道中心线与管道外壁坐标、钻杆轴线与杆外壁坐标以及各种角度值。

（3）计算管道回拖至关键点 i 处时的导向孔外管道重量及由此引起的管土摩擦力。

（4）计算管道回拖至关键点 i 处时的导向孔内管道重量及由此引起的管土摩擦力。

（5）计算管道回拖至关键点 i 处时管道承受的泥浆拖曳阻力。

（6）计算管道回拖至关键点 i 处时管道弯曲效应引起的阻力。

（7）计算管道回拖至关键点 i 处时绞盘效应引起的阻力。

（8）计算管道回拖至关键点 i 处时钻柱承受的阻力，包括钻柱重量及由此引起的杆土摩擦力、泥浆拖曳力与导向孔方向改变引起的阻力。

（9）将步骤（3）～（8）的计算结果求和可得管道回拖至关键点 i 处时的卡盘处回拖载荷，重复步骤（3）～（9）得出各关键点处对应的回拖载荷。

（10）图表显示穿越曲线结构与预测结果。

在回拖载荷的预测计算中，步骤（4）、（6）、（7）、（8）中均涉及木楔效应分析，需要使用相应工况下的木楔效应系数与管道位移，CUP 模型按照第 3

章给出的计算步骤并采用标准有限元格式进行求解。

5.2.2 Driscopipe 模型

Driscopipe 模型仅考虑了管道重量及由此引起的管土摩擦力，需输入的初始参数包括穿越曲线关键点总数以及各点对应的坐标、单位长度管道重量与沉没重量、管道与地表面之间的摩擦系数、管道与导向孔孔壁之间的摩擦系数。

待参数录入完毕后点击"预测计算"按钮即可进行预测分析。由于不考虑导向孔方向改变引起的阻力，导向孔结构对计算结果无影响，故穿越曲线结构中仅绘制穿越曲线。图表以两种方式显示各关键处的回拖头处回拖载荷预测值。点击"保存"按钮可以文本格式保存本次预测分析的相关数据，包括初始参数与预测结果。图 5-3 为 Driscopipe 模型的操作窗体。

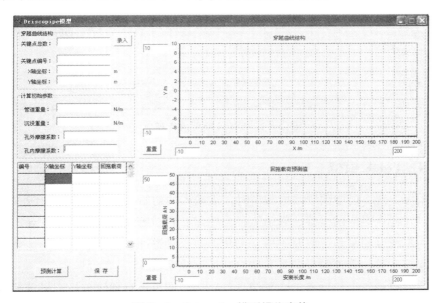

图 5-3 Driscopipe 模型操作窗体

5.2.3 ASTM 模型

ASTM 模型仅能求解 4 个关键点处的回拖头处回拖载荷，需输入的初始参数包括 4 段管段的水平长度、管道重量及沉没重量、管道入土点处导向孔与水平线之间的夹角、管道出土点处导向孔与水平线之间的夹角、导向孔直径、管道敷设深度、管道与地表面之间的摩擦系数、管道与导向孔孔壁之间的摩擦系数。

待参数录入完毕后点击"预测计算"按钮即可进行预测分析，图表以两种方式显示 4 个关键点（A、B、C、D）处的回拖头处回拖载荷预测值。点击"保存"按钮即可以文本格式保存本次预测分析的相关数据，包括初始参数与预测结果。图 5-4 为 ASTM 模型的操作窗体。

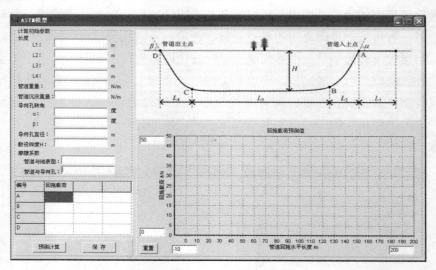

图 5-4　ASTM 模型操作窗体

5.2.4　Polak 模型

采用 Polak 模型预测回拖载荷时，需输入的初始参数包括穿越曲线关键点总数以及各点对应的坐标、管道直径与壁厚、管材密度与弹性模量、导向孔直径、泥浆密度与泵量、泥浆黏度、简化系数、管道回拖速率、管道与地表面之间的摩擦系数、管道与导向孔孔壁之间的摩擦系数。

待参数录入完毕后点击"预测计算"按钮即可进行预测分析，显示的结果包括：绘制导向孔结构图（穿越曲线轴线与上下导向孔孔壁），图表以两种方式显示各关键点处的回拖头处回拖载荷预测值。点击"保存"按钮即可以文本格式保存本次预测分析的相关数据，包括初始参数与预测结果。图 5-5 为 Polak 模型的操作窗体。

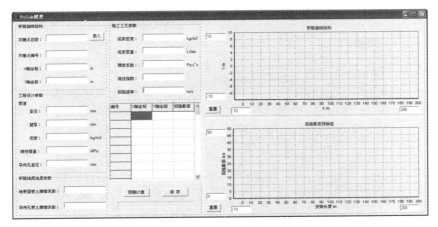

图 5—5　Polak 模型操作窗体

5.3　工程实例分析

利用编制的计算软件，采用本书的回拖载荷预测方法对收集的穿越工程数据进行验证分析，计算中的部分初始参数根据第 4 章的研究内容进行取值，以验证本书预测方法的准确度与可靠性。

5.3.1　滑铁卢大学 HDD 穿越试验

1996 年，滑铁卢大学的非开挖研究中心启动了一项水平定向钻安装试验项目，项目预期目标包括：①研制一套可在施工中检测管道力学特性的设备；②检测施工中以及施工完成后管道的应变与承受的载荷；③研究操作工艺对管道力学特性的影响规律。项目分为三期管道安装试验，分别于 1997、1999、2001 年在滑铁卢大学北侧校园内的空场地进行：首期试验安装了两条 HDPE 管道，管长分别为 55 mm（HD1—1）、90 m（HD1—2）；第二期试验同样安装了两条 HDPE 管道，管长均为 90 m（HD2—1、HD2—2）；第三期试验安装了三条管道，两条 177 m 的 MDPE 管道（HD3—1、HD3—2）与一条 177 m 的 HDPE 管道（HD3—3）。三条管道均在同一个导向孔内进行回拖（见图 4—16），其中 HD3—1 的回拖阶段伴随着扩孔施工。

由于仅第三期的安装试验检测了回拖头处回拖载荷，此处选用 HD3—2、HD3—3 两例安装试验进行分析，图 5—6 为安装试验现场。施工中采用 Ditch Witch 2040 钻机，回拖管道时回拖速率约为 3.0 m/min。表 5—1 给出了回拖

载荷预测分析所需的工程参数。

图5-6　安装试验管道回拖施工现场

表5-1　滑铁卢 HDD 试验工艺参数

参数	d_p	δ_p	ρ_p	E_p	d_d	δ_d	ρ_d	E_d
单位	mm	mm	kg·m⁻³	MPa	mm	mm	kg·m⁻³	GPa
HD3-2	168	15.3	920	700	71	10.9	7800	210
HD3-3	219	12.9	920	700	71	10.9	7800	210
参数	D_B	Q	ρ_s	K	n	v_p	μ_g	μ_b
单位	mm	L·min⁻¹	kg·m⁻³	Pa·sⁿ	—	m·s⁻¹	—	—
HD3-2	250	120	1200	6.4366	0.3063	0.05	0.59	0.244
HD3-3	300	120	1200	6.4366	0.3063	0.05	0.63	0.256

　　图5-7给出了HD3-2回拖头处回拖载荷的实测值与预测值、卡盘处回拖载荷预测值随管道安装长度变化的曲线。从图中可以看出，采用本书预测方法得出的回拖头处回拖载荷预测结果与实测值在整个安装长度范围内有良好的一致性，表明使用该方法来预测整个回拖阶段的回拖载荷具有较高精度。随着安装长度的增加，回拖头处回拖载荷呈递增趋势，卡盘处回拖载荷呈递减趋势，卡盘处回拖载荷的最大值出现于回拖起点处。在管道回拖过程中，回拖头处回拖载荷始终大于卡盘处回拖载荷，且两者仅在终点处大小相等。

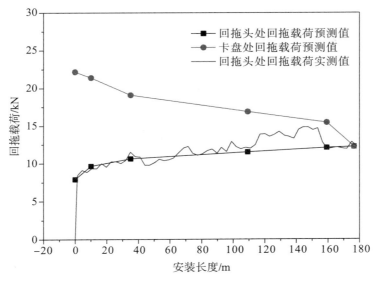

图 5－7　HD3－2 回拖载荷预测值与实测值

　　图 5－8 给出了 HD3－3 回拖头处回拖载荷的实测值与预测值、卡盘处回拖载荷预测值随管道安装长度变化的曲线。从图中可以看出，预测值较好地反映了回拖头处回拖载荷在回拖过程中的动态特性。在本例穿越工程中，卡盘处回拖载荷呈现先增大后减小的变化趋势，结合 HD3－2 的回拖载荷变化曲线，卡盘处回拖载荷最大值的出现位置可为回拖过程中任一位置处。

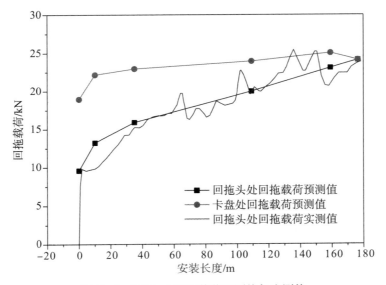

图 5－8　HD3－3 回拖载荷预测值与实测值

5.3.2 西安大略大学HDD穿越试验

2001年，Baumert利用自制的拉力及压力检测设备（如图5−9所示）检测了19组HDD穿越工程的回拖载荷数据，其中15次仅检测了回拖头处回拖载荷，4次同时检测了回拖头处回拖载荷与导向孔孔底的泥浆压力。基于所得数据，评价了Driscopipe模型、Drillpath模型、PRCI模型的预测精确度。三种方法在最大回拖载荷及回拖载荷变化趋势的预测中应用效果不佳，Baumert尝试将回拖头处回拖载荷在剔除泥浆拖曳阻力后回归为安装长度的一次函数，得出了适用于不同地层的经验阻力系数，但分析结果不理想。

图5−9 回拖管道时回拖头与钻杆之间的拉力检测装置

在Baumert的19组穿越工程中，9♯穿越工程不仅检测了回拖头处回拖载荷，还同时给出了卡盘处回拖载荷，选用本次穿越工程以验证回拖载荷预测的准确性。9♯穿越工程敷设了一条$\phi 220 \times 4.8$ mm的天然气钢质管线，总长157 m，图5−10为其穿越曲线结构，由于Baumert没有记录管道入土段与出土段的坐标数据，因而此处仅根据工程经验假定给出相关数据。施工中采用Vermeer D24 ×40钻机，配套泥浆泵最大流量为190 L/min，钻杆长度3.05 m，回拖阶段拖动单根钻杆耗时约28 s。穿越地层类型为粉砂质黏土，地基反力系数取值7.8×10^6 N/m³。导向孔内管土摩擦系数选用了钢管与粒级分明的砂层在泥浆作用下的摩擦系数0.46。表5−2列出了回拖载荷预测所需的各项初始参数。

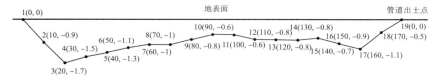

图 5-10   9#穿越工程的穿越曲线结构

表 5-2   9#穿越工程的工艺参数

参数	d_p	δ_p	ρ_p	E_p	d_d	δ_d	ρ_d	E_d
单位	mm	mm	$kg \cdot m^{-3}$	GPa	mm	mm	$kg \cdot m^{-3}$	GPa
数值	220	4.8	7800	210	60	8.9	7800	210
参数	D_B	Q	ρ_s	K	n	v_p	μ_g	μ_b
单位	mm	$L \cdot min^{-1}$	$kg \cdot m^{-3}$	$Pa \cdot s^n$	—	$m \cdot s^{-1}$	—	—
数值	356	190	1438	6.4366	0.3063	0.11	0.1	0.46

图 5-11 为 9#穿越工程的回拖载荷预测值与实测值。本次工程中，管线回拖至 157 m、大致位于水平段终点处时停止回拖，回拖载荷实测值记录至此位置，故给出的预测值止于 160 m 处。通过预测值与实测值的对比分析可以得出以下结论：

（1）回拖头处回拖载荷的预测值与实测值有较好的一致性，基本反映了整个回拖过程中回拖头处回拖载荷的动态变化过程。

（2）卡盘处回拖载荷的预测值小于实测值。根据 Baumert 的分析，用于计算回拖力的折算系数（回拖力等于液压缸压力与折算系数的乘积）随着钻机的损耗逐渐减小，因此根据记录的液压缸压力数据，采用针对全新钻机的折算系数得出的回拖力明显偏高。此外，假定的管道出土段结构可能低估了钻柱承受的阻力。

（3）回拖载荷预测值在 100 m 处明显减小。由于回拖载荷预测中假定泥浆反向点出现于安装长度的 7/12 即约 105 m 处，此后在管道与导向孔构成的环形空间中泥浆流量为零，泥浆拖曳阻力减小，从而引起这一现象。

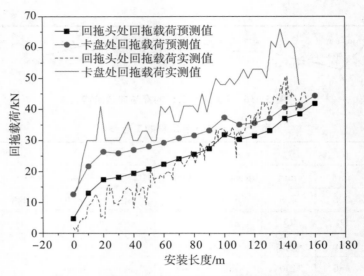

图 5-11　9♯穿越工程的回拖载荷预测值与实测值

5.4　本章结论

采用基于 C++语言的可视化集成软件开发平台 Borland C++ Builder，并综合本书的回拖载荷预测模型、Driscopipe 模型、ASTM 模型与 Polak 模型四种方法编制了回拖载荷预测分析软件。利用编制的计算软件，对收集的 HDD 穿越工程数据进行验证分析，通过分析以评价本书的回拖载荷预测方法的准确度与可靠性，得出以下结论：

（1）将本书提出的回拖载荷预测模型、Driscopipe 模型、ASTM 模型与 Polak 模型有效地集成至软件系统内，研制开发了回拖载荷预测分析软件。软件界面友好，操作简单。

（2）利用预测分析软件可以对穿越工程的不同工艺参数组合进行回拖载荷计算，研究工艺参数对回拖载荷计算的影响规律，分析降低回拖载荷的方法，对制定减阻工艺具有指导意义。

（3）工程实例分析表明，得出的回拖头处回拖载荷与卡盘处回拖载荷预测值与实测值有较好的一致性，本书的回拖载荷预测方法的预测准确度较高。预测分析所需的初始参数均根据现场数据或第 4 章提出的确定方法进行取值，初始参数的取值过程中经验成分较少，本书的回拖载荷预测方法的可靠性高。

（4）卡盘处回拖载荷沿安装长度的变化趋势可能不同于回拖头处回拖载

荷，以滑铁卢大学 HD3-2 安装试验的预测结果为例，随安装长度的增加，卡盘处回拖载荷逐渐减小，而回拖头处回拖载荷逐渐增大。

第 6 章　木楔效应的数值模拟研究

随着近几十年来计算机技术的飞速发展，数值分析的威力在科学研究领域得到释放，大大拓展了科学问题的求解范围。基于不同的数值计算方法，各种数值分析软件大量出现，本章采用基于有限元法的 ANSYS 研究回拖载荷预测中的木楔效应问题。

基于变分原理与加权余量法，有限元法把求解域划分为有限个互不重叠的单元，在每个单元内，选择一些合适的节点作为求解函数的插值点，将微分方程中的变量改写成由各变量或其导数的节点值与所选差值函数组成的线性表达式，以实现微分方程的离散化，从而将一个有无限自由度的求解域理想化为一个只有有限自由度的单元集合体，由此微分方程组的求解问题转换为代数方程组的求解问题，并借助计算机技术进行求解。ANSYS 是一款基于有限元法而开发的大型通用数值模拟软件，软件具有与 CAD 软件无缝集成、强大的网格处理能力、高精度非线性问题求解、强大的耦合场求解能力、面向用户的开放性五大优点。

6.1　木楔效应的有限元分析

在第 3 章中，将木楔效应视为平面应变问题，采用平面刚架单元进行分析，由于分析局限在二维平面内，且将土壤视为弹性体，导致分析结果与实际情况之间必定存在偏差。此外，在分析小直径钻杆与土壤之间的相互作用时，用平面刚架单元来描述钻杆力学特性的效果并不理想。因此，本节采用模拟软件 ANSYS，使用弹塑性 D−P 模型描述土壤，在三维空间内分析木楔效应。本次研究基于西安大略大学 9♯ 水平定向钻穿越工程的工艺参数展开工作。

6.1.1　管土相互作用物理模型

为求解木楔效应系数与管道位移，将管土相互作用模型简化为：半径为 r_p、壁厚为 δ、管材弹性模量为 E 的无限长管道位于半径为 R_B 的圆形导向孔中，导向孔位于半无限大地层中，管道承受垂直向下的体积力载荷 P。图 6-1 给出了物理模型沿 YZ 平面的剖面示意图。

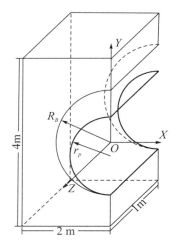

图 6-1　管土相互作用物理模型示意图

6.1.2　尺寸参数与物性参数

（1）物理模型几何尺寸。

9♯穿越工程施工管线的管道规格为 $\phi 220 \times 4.8$ mm，导向孔经过扩孔工艺扩径至 356 mm。根据圣维南原理，土体模型的宽度与高度均约取为导向孔孔径的 11 倍，即 4 m，考虑土体模型在管道轴线方向上的无限延展性，长度取为 1 m，在管道轴线的垂直截面内，导向孔的圆心与土体截面的形心重合（图 6-1）。

（2）管道与土体的物性参数。

工程敷设的管道为钢管，管材弹性模量为 210 GPa，泊松比为 0.3。

不同于金属材料，岩土材料是由颗粒材料堆积或胶结而成，属于摩擦型材料。其特点是抗剪强度中含有摩擦力项，抗剪强度随压应力的增大而增大，所以岩土材料的屈服准则明显不同于金属材料。自 1900 年摩尔提出 Mohr-Coulomb 屈服准则（简称 M-C 屈服准则）以来，大量的实验研究与工程实践表明 M-C 屈服准则能很好地描述岩土材料的屈服特性，在岩土工程领域得到广泛应用。然而，由于 M-C 屈服准则在主应力空间中的屈服面为不规则的六角形截面的角锥体表面，在 π 平面上为不等角六边形，存在尖顶与棱角，因而采用数值方法来研究相关问题时计算难度很大。为有效地利用数值手段开展研究工作，需对 M-C 屈服准则进行简化，其中 Drucker-Prager 屈服准则（简称D-P屈服准则）采用 π 平面上的圆形曲线来逼近 M-C 屈服准则，在主应力空间中的屈服面为光滑圆锥，D-P 屈服准则表述简单且数值计算效率很高，在目前的有限元分析中得到广泛应用。在对 M-C 屈服准则的逼近中，D-P 屈服准则有多种形式，包括：①M-C 外角点外接圆准则；②M-C 内角点外接圆准则；③M-C 内切圆准则；④M-C 等面积圆准则；⑤M-C 匹配 DP 圆。ANSYS 软件采用外角点外接圆准则，需要确定的物性参数包括变形模量、泊松比、黏聚力、内摩擦角与膨胀角。

9#穿越工程的穿越地层为粉砂质黏土，变形模量取 42 MPa，泊松比取 0.2，黏聚力取 12.47 kPa，内摩擦角取 9.65°，膨胀角取 4.83°。

6.1.3 数值模拟过程与结果分析

实际穿越工程中，导向孔并非直线状态，且回拖时管道与土体之间充满泥浆，管土相互作用属于流固耦合问题。由于泥浆的存在对木楔效应系数与管道位移的求解无影响，分析时泥浆不予考虑，管道回拖时速率较小，假定管土相互作用处于力平衡状态，按照结构静力分析的方法进行模拟。上节建立的管土相互作用物理模型关于YZ平面左右对称，取其 1/2 进行分析。

（1）建立有限元模型。

①土体。

采用符合 D-P 屈服准则的 D-P 模型描述土体，物性参数包括弹性模量、泊松比、黏聚力、内摩擦角与膨胀角，分别取值 42 MPa、0.2、12.47 kPa、9.65°、4.83°。使用三维实体单元 SOLID45，该单元用于构造三维实体结构，拥有 8 个节点，每个节点有 3 个分别沿 X、Y、Z 方向平移的自由度，具有塑性、蠕变、膨胀、应力强化、大变形与大应变能力。采用映射法划分网格，如图 6-2 所示。

②管道。

采用各向同性线弹性体模型描述管道，物性参数包括弹性模量与泊松比，分别取值 210 GPa、0.3。同样使用 SOLID45 单元映射法划分网格，如图 6-3 所示。

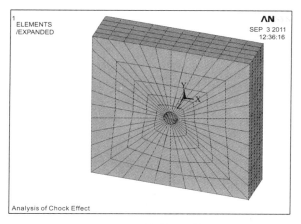

图 6-2　土体有限元模型

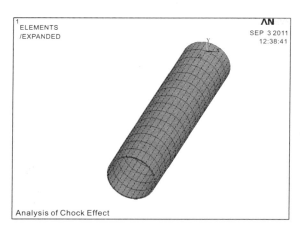

图 6-3　管道有限元模型

（2）设置接触对。

管土相互作用过程中，由于导向孔直径大于管径，管道与土体之间存在间隙，问题求解之前无法确定接触区域，该问题为高度非线性问题。ANSYS 采用接触单元解决数值模拟中的接触问题，向模拟过程中可能发生接触的表面加入接触单元的情况，以控制两表面接触时单元的相互穿透量。本章算例为面-面接触问题，采用目标单元 TARGE170 与接触单元 CONTA174 进行模拟。

选择目标面与接触面的指导原则为：①如果凸面与平面、凹面接触，平面或凹面应作为目标面；②如果一个表面的网格粗糙，另外一个表面网格较细致，则网格粗糙的表面应作为目标面；③如果一个表面的刚度大于另外一个表面，则刚度大的表面应作为目标面；④如果一个表面的网格为高次单元，另一个表面的网格为低次单元，则网格为低次单元的表面应作为目标面；⑤如果一个表面大于另外一个表面，则较大的表面应作为目标面。本章算例中，采用第③条指导原则，由于管道刚度大于土体，故将管道外表面取为目标面，土体表面取为接触面。图 6—4 为生成的接触对模型。

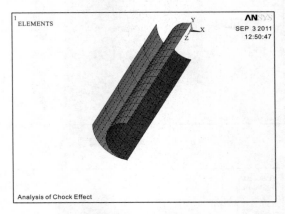

图 6—4　接触对模型

（3）施加边界条件与载荷。

根据有限元模型的对称性，将处于或平行于 XY 平面的端面、处于 YZ 平面内的端面设置为对称，将平行于 XZ 平面、平行于 YZ 平面的端面设置为全约束，面内节点所有自由度均为 0。位移边界条件设置后如图 6—5 所示。

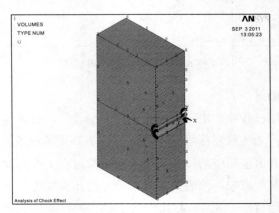

图 6—5　位移边界条件

外载荷以"点载荷"方式施加于管顶内部节点上，算例中，管顶内部节点共有 16 个，外载荷大小为 2500 N，则施加于单个节点上的力的大小为 156.25 N。施加载荷后如图 6—6 所示。

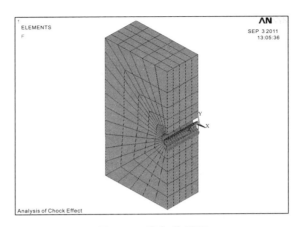

图6-6 施加外载荷

（4）求解与后处理。

有限元分析模型建立完成后，进入求解器定义分析类型，管土相互作用分析采用大变形静力稳态分析方法，合理设置子步数，进行非线性求解。模拟计算收敛完毕后，进入通用后处理器，按照不同需求提取所需分析结果，图6-7、6-8为土体与管道的Mises应力云图。

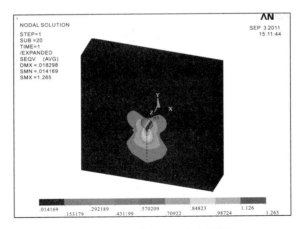

图6-7 土体Mises应力云图

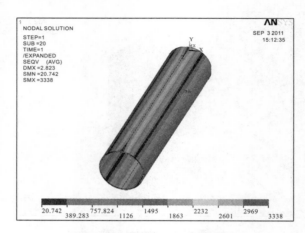

图 6-8　管道 Mises 应力云图

（5）木楔效应系数与管道位移的提取。

接触单元 CONTA174 的输出参数中包括单元接触力的 X、Y、Z 向分量，算例中提取出 X 与 Y 向分量分别记为 F_X、F_Y，木楔效应系数近似等于 $1+|F_X/F_Y|$。模拟分析之前，Y 向上管道的最低点刚好与土体接触，此位置为管道的初始位置，管道由初始位置移动至平衡位置所产生的位移记为管道位移，如图 6-9 所示。

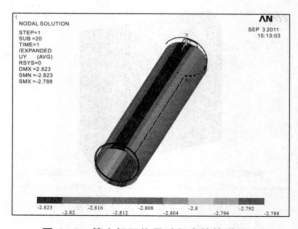

图 6-9　管土相互作用过程中的管道位移

6.2　工艺参数对木楔效应的影响规律

基于 9# 穿越工程的工艺参数，采用上节分析步骤可研究不同工艺参数对木楔效应的影响规律。根据工程实际情况确定各项工艺参数的取值范围,本节逐项分析外载荷、土体物性参数、扩径比、导向孔扁率对木楔效应系数与管道位移的影响规律。

6.2.1 外载荷

第 3 章已经给出回拖过程中单位长度管道承受的外载荷计算方法,基于 9♯穿越工程的各项工艺参数,变动外载荷取值分析其对木楔效应系数与管道位移的影响规律,外载荷依次取值为:250 N、500 N、750 N、1000 N、1250 N、1500 N、2000 N、2500 N、3000 N、3500 N、4000 N、4500 N、5000 N。

图 6-10 给出了外载荷对木楔效应系数与管道位移的影响关系曲线,由于分析中的有限元模型为实际物理模型的 1/2,故单位长度管道承受的外载荷应为上述数值的 2 倍。从图中可以看出,随着外载荷的增大,木楔效应系数与管道位移均呈先增大后减小的趋势;木楔效应系数在外载荷变化初期的增大速度明显高于后期;在 0～9000 N 范围内,管道位移与外载荷之间近乎呈线性关系。需要注意的是,外载荷由 9000 N 增大至 10000 N 时,木楔效应系数与管道位移均减小,这是模拟分析中外载荷的加载方式造成的。根据图 6-6 可知,外载荷以点载荷方式均布在管道顶部内表面上,随着外载荷的增大,管道被"压扁"的趋势增强,增大了管道与土体之间的接触面积,可引起管道位移相对减小的现象。

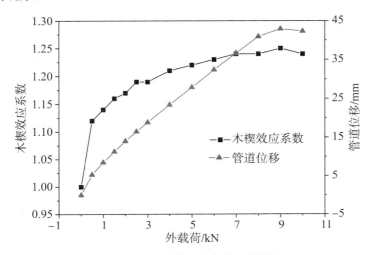

图 6-10 外载荷对木楔效应的影响

6.2.2 土体物性参数

　　HDD 穿越工程中经常遇到的地层为黏土层，由于含水量、孔隙比、内应力、粒径分布等因素对土体的物理性质影响很大，各项物性参数有较大的取值范围。为研究土体物性参数对木楔效应的影响规律，选用粉砂质黏土、坚硬黏土、硬塑黏土、可塑黏土 4 种土壤对应的物性参数进行分析（如表 6−1 所示），分析中弹性模量依次取值：42 MPa、120 MPa、48 MPa、12 MPa。

表 6−1　土的泊松比与弹性模量

土体类型	泊松比	弹性模量 /MPa
粉砂质黏土	0.2	32~48
坚硬黏土	0.25	80~160
硬塑黏土	0.35	40~56
可塑黏土	0.42	8~16

　　分析结果表明，木楔效应系数与管道位移均随泊松比的增大而减小，但影响很小，4 个泊松比取值对应的木楔效应系数与管道位移分别近似等于 1.22、27.9 mm。

　　图 6−11 给出了土体弹性模量对木楔效应系数与管道位移的影响关系曲线。从图中可以看出，木楔效应系数与管道位移均随弹性模量的增大而减小，且近似呈线性关系。

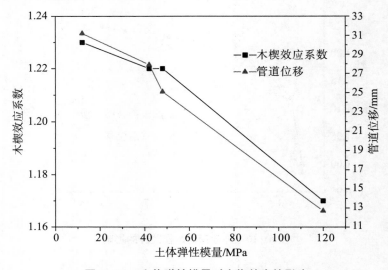

图 6−11　土体弹性模量对木楔效应的影响

6.2.3 扩径比

根据第 1 章的综述内容，目前穿越工程中采用的扩径比有较大取值范围，基于 9＃穿越工程的管道规格，选用扩径比 1.2、1.3、1.4、1.5、1.62、1.7、1.8 来分析木楔效应系数与管道位移的变化规律。

图 6－12 给出了扩径比对木楔效应系数与管道位移的影响关系曲线。从图中可以看出，木楔效应系数随扩径比的增大而减小，近似呈线性关系；除 1.2 外，扩径比对管道位移影响较小，也近似呈线性关系。需要说明的是，当扩径比取 1.2 时，管道与导向孔之间的缝隙较小，管土相互作用过程中管道发生较小位移，即可快速增大管土之间的接触面积，阻止管道的进一步移动，因而对应的管道位移较小。

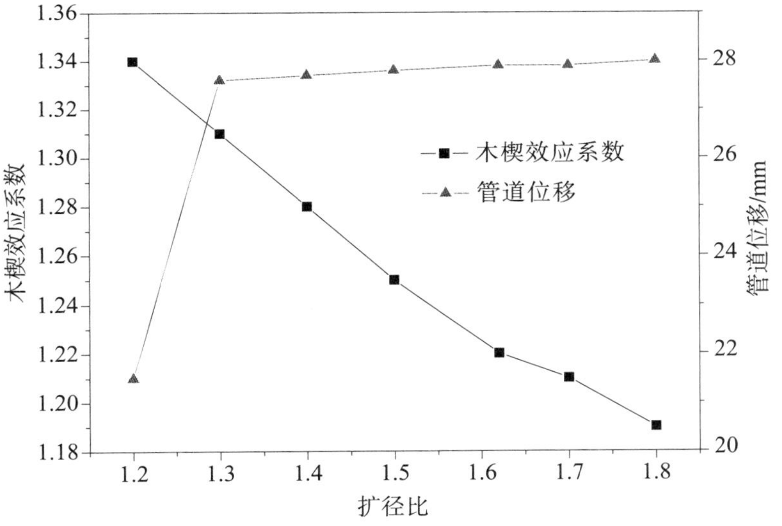

图 6－12 扩径比对木楔效应的影响

6.2.4 导向孔扁率

根据第 4 章的研究内容，小型穿越工程的导向孔已显示出明显的非圆形特征，此处我们分别取值 0、0.05、0.1、0.15、0.2 来研究导向孔扁率对木楔效应系数与管道位移的影响规律。其中，扁率 0 对应的导向孔为圆形。

图 6－13 给出了导向孔扁率对木楔效应系数与管道位移的影响关系曲线。从图中可以看出，木楔效应系数与管道位移均随导向孔扁率的增大而增大，呈现较好的线性关系。需要指出的是，椭圆形导向孔的管道位移等于管道从与相

应圆形导向孔的初始接触点处移动至平衡位置发生的位移。如果讨论管道从与椭圆形导向孔初始接触点移动至平衡位置发生的位移，则受导向孔扁率的影响较小，当扁率由 0 增大至 0.2 时，位移值由 27.9 mm 减小至 27.3 mm。

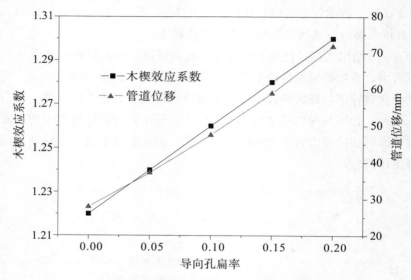

图 6-13　导向孔扁率对木楔效应的影响

6.3　模拟结果与平面应变分析的对比

本书给出的回拖载荷预测方法中，采用标准的有限元格式研究了木楔效应，将其视为平面应变问题，使用每个结点有 3 个自由度的 2 结点平面刚架单元进行分析。同样基于 9♯穿越工程的工艺参数，采用此计算方法，使用自编程序求解木楔效应系数与管道位移，并与 ANSYS 的模拟结果进行对比分析。表 6-2 为计算中采用的初始参数。

表 6-2　分析木楔效应所需初始参数

参数	r_p	δ_p	E_p	OR	α	k	P
单位	mm	mm	GPa	—	—	N·m^{-3}	N
数值	110	4.8	210	1.62	0	1.56 ×10^6	2500

6.3.1　外载荷

与 6.2 节相同，在 0~10000 N 范围内间隔取值，分析外载荷对木楔效应

的影响，如图 6-14 所示。从图中可以看出，木楔效应系数与管道位移均随外
载荷的增大单调递增；木楔效应系数在外载荷变化初期的增大速度明显高于后
期，管道位移则相对均匀，近似呈线性关系。对比图 6-10，两者的管道位移
大小相近，但木楔效应系数的计算结果明显高于 ANSYS 的模拟结果。

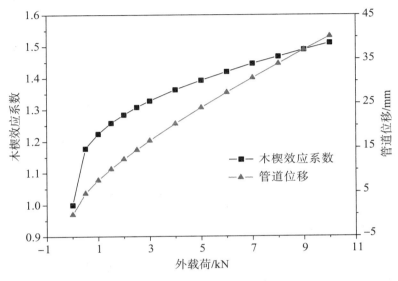

图 6-14 外载荷对木楔效应的影响

6.3.2 扩径比

图 6-15 为扩径比对木楔效应的影响关系曲线。木楔效应系数与管道位移
随扩径比的变化趋势与图 6-12 相同，但数值有较大差别。木楔效应系数整体
高于 ANSYS 的模拟结果。图 6-15 中，管道位移随导向孔扁率的增大较均匀
地由 21.1 mm 增大至 24.7 mm，而 ANSYS 的模拟结果显示扩径比由 1.8 减
小至 1.3 时，管道位移由 28.0 mm 减小至 27.6 mm，变化幅度很小，但扩径
比取值 1.2 时管道位移急降至 21.5 mm。

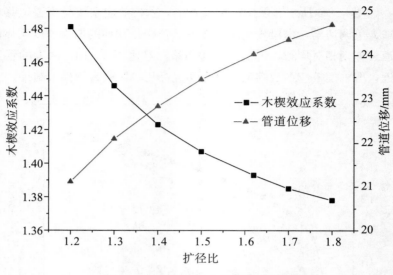

图 6-15　扩径比对木楔效应的影响

6.3.3　导向孔扁率

图 6-16 为导向孔扁率对木楔效应的影响关系曲线。木楔效应系数与管道位移随导向孔扁率的变化趋势与图 6-13 相同，但管道位移整体小于 ANSYS 的模拟结果，相差 4.5 mm 左右，木楔效应系数整体大于 ANSYS 的模拟结果，相差 0.15 左右。

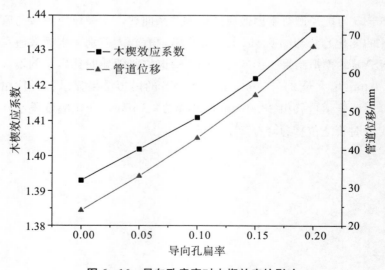

图 6-16　导向孔扁率对木楔效应的影响

通过上述对比可以看出，两种方法得出的参数对木楔效应影响规律的趋势相同，但数值存在差别。究其原因，ANSYS 模拟方法采用 D–P 模型描述土体，为弹塑性体，而本书分析方法中采用 Winkler 模型描述土体，为弹性体，故计算结果出现差别。两种方法分析问题的准确度需通过试验进行验证。

6.4　本章结论

基于西安大略大学 9♯ 水平定向钻穿越工程的工艺参数，本章采用有限元模拟软件 ANSYS 分析了木楔效应。首先建立管道置于导向孔中的物理模型，采用各向同性线弹性模型描述管道、弹塑性体 D–P 模型描述土体，然后使用三维实体单元 SOLID45 映射法划分网格，在设置边界条件、施加载荷后定义分析类型，按照大变形静力稳态分析模式模拟管土相互作用过程，求解完毕后提取木楔效应系数与管道位移。根据上述步骤研究了外载荷、土体物性参数、扩径比、导向孔扁率等工艺参数对木楔效应的影响规律，并与平面应变分析方法的计算结果进行了对比，得出以下结论：

（1）随着外载荷的增大，管道位移与木楔效应系数均呈增大趋势。管道位移与外载荷近似呈线性关系，两种方法计算结果的数值相近；木楔效应系数在外载荷变化初期的增大速度明显高于后期，且平面应变分析方法的计算结果明显大于 ANSYS 的模拟结果。

（2）随着扩径比的增大，管道位移呈增大趋势，木楔效应系数呈减小趋势。两种分析方法的计算结果区别较大：平面应变分析方法得出的管道位移变化幅度均匀，但 ANSYS 得出的管道位移在扩径比由 1.2 增大至 1.3 时大幅增大，之后小幅增大；平面应变分析方法得出的木楔效应系数明显大于 ANSYS 相应的模拟结果。

（3）随着导向孔扁率的增大，管道位移与木楔效应系数均呈增大趋势。平面应变分析方法得出的管道位移整体小于 ANSYS 的模拟结果，相差 4.5 mm 左右；平面应变分析方法得出的木楔效应系数整体大于 ANSYS 的模拟结果，相差 0.15 左右。

第7章 水平定向钻回拖载荷动态特性研究

实例分析表明，本书所提的回拖载荷预测方法降低了计算所需初始参数中的经验成分，逐项分析回拖阻力的四项组成部分，可较准确地预测整个回拖过程中回拖载荷的动态变化规律。然而，仅掌握回拖载荷的变化规律无法满足工程需求，保证 HDD 穿越工程成功实施的首要任务是尽可能降低回拖载荷，工程实践中需要在选取穿越位置、设计穿越方案、制定工艺参数等环节针对具体参数进行优化配置，这要求穿越工程的设计与施工人员还需掌握各项工艺参数对回拖载荷计算的影响规律。本章基于塑料管、钢管两例穿越工程的工艺参数，采用所提回拖载荷预测方法分析四项回拖阻力对回拖载荷的贡献权重，并在符合工程实际情况的范围内单项变动工艺参数，研究各参数对回拖载荷计算的影响规律，考察回拖载荷计算对各项参数的敏感性，为管道回拖阶段减阻工艺的制定提供指导，对现场施工中可操控参数的优化设置具有指导意义。

本章内容中提及的回拖载荷除特殊说明外，均指卡盘处回拖载荷。

7.1 工程实例概况

水平定向钻技术在多个领域得到广泛应用，油气管道敷设领域以钢管为主，供水管道敷设领域则以塑料管为主。由于钢管与塑料管在材质上有本质上的不同，穿越工程中各自回拖载荷的构成与变化规律有明显区别，为全面考察各项因素对回拖载荷的影响规律以及回拖载荷的构成，此处基于 MDPE 管、钢管两例穿越工程实例的工艺参数进行分析。首先简要介绍两例穿越工程的概况。

（1）MDPE 管穿越工程。

滑铁卢大学在 2001 年进行了 HDD 安装试验，此处参考第二组安装（试验编号 HD3-2）的试验参数：长度 177 m、公称直径 150 mm、SDR 11 的 MDPE 管。图 7-1 为安装试验的穿越曲线结构。试验中所用管道外表面直径为 168 mm，扩孔孔径为 250 mm，采用 Ditch Witch 2040 钻机，配套的泥浆泵最大流量为 120 L/min，管道回拖速率为 3.0 m/min。表 7－1 给出了 MDPE 管特征参数分析中所需的各项参数值。

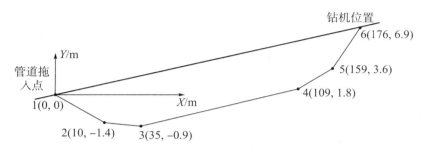

图 7－1 HD3－2 穿越曲线结构参数

表 7－1 滑铁卢 HDD 试验工艺参数

参数	d_p	δ_p	ρ_p	E_p	d_d	δ_d	ρ_d	E_d
单位	mm	mm	kg·m⁻³	MPa	mm	mm	kg·m⁻³	GPa
MDPE 管	168	15.3	920	700	71	10.9	7800	210
钢管	220	4.8	7800	2.1×10⁵	60	8.9	7800	210
参数	D_B	Q	ρ_s	K	n	v_p	μ_g	μ_b
单位	mm	L·min⁻¹	kg·m⁻³	Pa·sⁿ	—	m·s⁻¹	—	—
MDPE 管	250	120	1000	6.4366	0.3063	0.05	0.59	0.244
钢管	356	190	1438	6.4366	0.3063	0.11	0.1	0.46

（2）钢管穿越工程。

2001 年，Baumert 利用自制的拉力检测设备检测了 19 组 HDD 穿越工程的回拖载荷数据。其中，9♯穿越工程敷设了一条 φ220×4.8 mm 天然气钢质管线，总长为 157 m，图 7－2 为其穿越曲线结构示意图。工程中采用 Vermeer D24×40 钻机，配套泥浆泵最大流量为 190 L/min，管道回拖速率约为 0.11 m/s。表 7－1 给出了钢管穿越工程涉及的各项工艺参数。

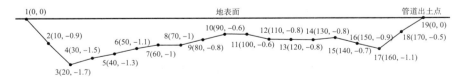

图 7－2 9♯穿越工程穿越曲线结构参数

7.2 回拖载荷特征参数影响规律分析

针对某一特定穿越工程，回拖载荷预测分析中涉及的部分参数如管道的尺寸、弹性模量、密度等唯一确定，不可变更。因此，要指导穿越工程工艺参数的优化配置，只需分析可变参数对回拖载荷的影响规律。根据确定参数取值的工艺环节，将预测分析所需的可变参数大致分为三类：①工程设计参数，包括穿越曲线结构与扩径比；②穿越地层地质参数，包括管道与地表面间摩擦系数、管道与导向孔孔壁间摩擦系数与地基反力系数；③施工工艺参数，包括泥浆泵流量、泥浆流变参数、管道回拖速率、导向孔扁率与泥浆密度。

7.2.1 工程设计参数

（1）穿越曲线结构。

设计的穿越曲线一般由直线段与曲线段组成，为一条光滑连续的曲线，但由于施工时存在控向误差，导向孔的实际轨迹与设计方案之间难免存在偏差，按照《油气输送管道穿越工程施工规范》，导向孔的实际轨迹与设计的穿越曲线的偏差不应大于 1%，且上下偏差应在 $-2 \sim 1$ m 之内。此处选定 MDPE 管穿越曲线关键点 3、4 的中点 A（72，0.45），并依次调整 Y 轴坐标至 1.1、1.9、2.7，调整钢管穿越曲线关键点 8 的 Y 轴坐标至 -1.2、-1.4、-1.6，由此得到不同结构的穿越曲线（见图 7−3）。根据不同穿越曲线计算相应回拖载荷如图 7−4 所示。

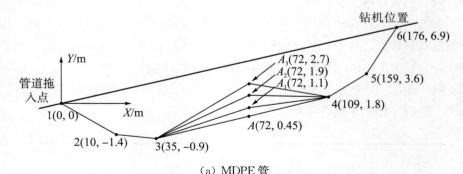

（a）MDPE 管

图 7−3   分析所用穿越曲线结构示意图

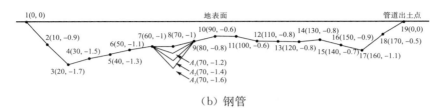

（b）钢管

图 7-3（续）

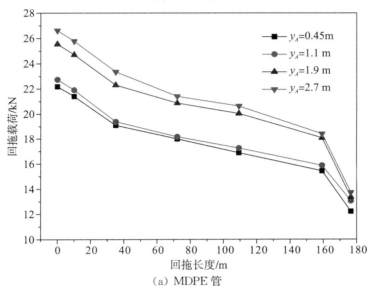

（a）MDPE 管

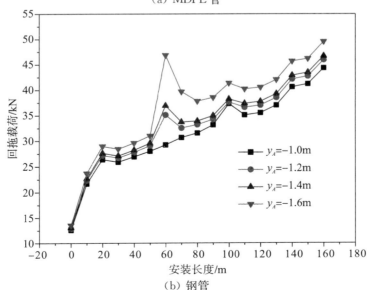

（b）钢管

图 7-4 穿越曲线结构对回拖载荷的影响

根据图 7-4 中两组回拖载荷随穿越曲线结构的变化曲线可以看出，回拖载荷随着导向孔拐角的增大而增大。导向孔拐角变化对回拖载荷的影响主要体现于管道弯曲效应的计算中，因此管道的抗弯刚度与导向孔的孔隙度是影响曲线变化规律的主要因素。孔隙度为导向孔直径与管道外径的差值，孔隙度的存在导致导向孔拐角只有超过某特定值后才能引起管道弯曲效应，迅速增大回拖载荷，按 y_A 值表征分界点，MDPE 管在 1.1~1.9 m 之间，钢管在 -1.4~-1.6 m 之间。需要注意的是，由于管道对应的孔隙度通常小于钻柱对应的孔隙度，在同一个算例中相应存在两个分界点，且随导向孔拐角的逐步增大，管道会早于钻柱产生管道弯曲效应。弯曲效应能否迅速增大回拖载荷还取决于抗弯刚度，MDPE 管、钢管及其所用钻杆的抗弯刚度依次为：1.51×10^4 N·m²、3.95×10^6 N·m²、2.02×10^5 N·m²、1.01×10^5 N·m²。由于 MDPE 管抗弯刚度较小，其弯曲效应引起的回拖载荷增幅不大，图 7-4（a）中引起回拖载荷大幅增大的分界点为钻柱对应的分界点；图 7-4（b）中回拖载荷的大幅增大则是导向孔拐角超过了管道对应的分界点所致。

（2）扩径比 *OR*。

按照《油气输送管道穿越工程施工规范》的规定，*OR* 的取值与管道直径有直接关系，目前采用水平定向钻技术敷设的管道规格非常宽泛，最大管径可至 1219 mm，最小管径可至 114 mm，对应的 *OR* 推荐值为 1.25、1.88。此处在 1.2~1.8 之间间隔 0.1 进行取值，研究 *OR* 对回拖载荷的影响规律，根据不同 *OR* 计算相应回拖载荷如图 7-5 所示。

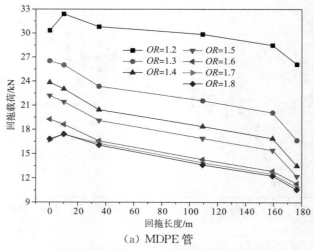

（a）MDPE 管

图 7-5 扩径比 *OR* 对回拖载荷的影响

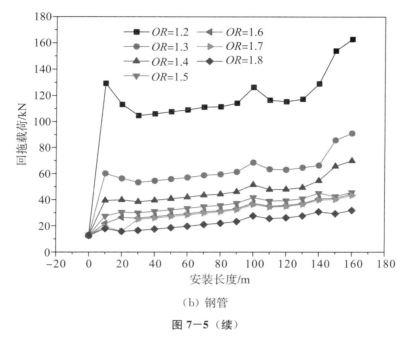

（b）钢管

图 7-5（续）

根据图 7-5 中两组回拖载荷随 *OR* 的变化曲线可以看出，回拖载荷随着 *OR* 的减小迅速增大。*OR* 对回拖载荷的影响体现于两个方面：管道弯曲效应与泥浆拖曳阻力，且以管道弯曲效应为主。*OR* 对回拖载荷的整体变化趋势影响不大，各曲线的整体形状大致相同。随着 *OR* 的减小，回拖载荷增大的幅度呈递增趋势，据此可将 *OR* 对回拖载荷的影响分为两个区域：敏感区域与非敏感区域。MDPE 管、钢管对应的区域分界点分别为 1.6、1.5，进行 HDD 工程设计时，应根据实际工况确定该分界点并在大于分界点的范围内确定 *OR* 的取值。

7.2.2　穿越地层地质参数

（1）地表面管土摩擦系数 μ_g。

μ_g 为一项等效阻力系数，受管道材料、地表类型及含水量、减阻措施等因素影响，有较大的取值范围。此处在 0.1~0.8 范围内取值，研究 μ_g 对回拖载荷的影响规律，回拖载荷的计算结果如图 7-6 所示。

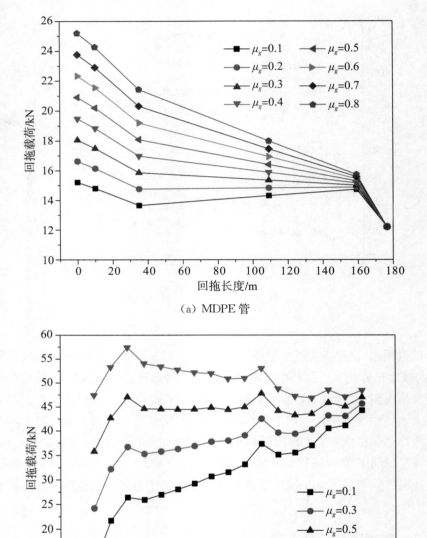

（a）MDPE 管

（b）钢管

图 7-6　地表面管土摩擦系数 μ_g 对回拖载荷的影响

根据图 7-6 中两组回拖载荷随 μ_g 的变化曲线可以看出，回拖载荷随 μ_g 的增大而增大，且随安装长度的增加，回拖载荷增大的幅度逐渐减小，在回拖终点处 μ_g 对回拖载荷不再有影响。以 MDPE 管为例，μ_g 由 0.1 增大至 0.3，关键点 1～6 处的回拖载荷增量依次为：2.85 kN、2.69 kN、2.21 kN、1.05 kN、0.28 kN、0 kN。需要注意的是，在钢管穿越中，由于管道仅回拖至水平段终点，并未完全拖出导向孔，故在回拖终点处 μ_g 对回拖载荷仍有影响。此外，μ_g 的变化还会影响回拖载荷的变化趋势，预测结果的最大值出现位置可能发生变化，以钢管穿越为例，μ_g 取值 0.1、0.3 时最大值出现于 160 m 处，取值 0.5 时则出现于 100 m 处，取值 0.7 时则出现于 20 m 处。

（2）导向孔内管土摩擦系数 μ_b。

根据 EI-Chazli 的实验研究，钢管与土壤之间的 μ_b 均高于同等条件下 PVC 管与土壤之间的 μ_b。结合两例穿越工程的实际条件，在 0.20～0.40 范围内间隔 0.04 取值研究 μ_b 对 MDPE 管回拖载荷的影响规律，在 0.34～0.50 范围内间隔 0.04 取值研究 μ_b 对钢管回拖载荷的影响规律，回拖载荷计算结果如图 7-7 所示。

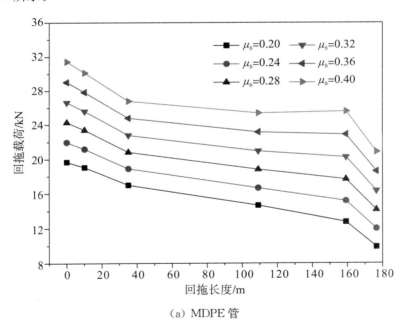

（a）MDPE 管

图 7-7　导向孔内管土摩擦系数 μ_b 对回拖载荷的影响

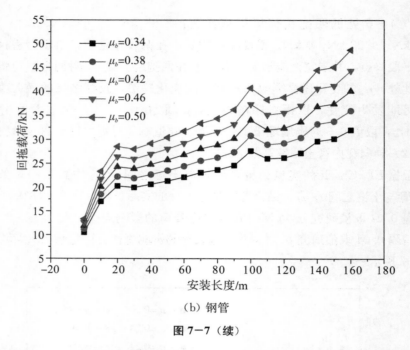

（b）钢管

图 7-7（续）

根据图 7-7 中两组回拖载荷随 μ_b 的变化曲线可以看出，回拖载荷随 μ_b 的增大而增大，在 μ_b 的取值范围内，各回拖载荷预测曲线的变化趋势相同。在图 7-7（a）中，μ_b 对回拖起点与终点处回拖载荷的影响大致相同：μ_b 由 0.20 增大至 0.40，起点与终点对应的回拖载荷增幅分别为 11.76 kN、10.98 kN；在图 7-7（b）中，μ_b 对回拖终点处回拖载荷的影响明显大于起点处回拖载荷：μ_b 由 0.34 增大至 0.50，起点与终点对应的回拖载荷增幅分别为 2.82 kN、16.75 kN。由于 μ_b 对回拖载荷的影响在回拖起点处仅体现于钻柱承受的阻力，在回拖终点处仅体现于管道承受的阻力，这表明 MDPE 管回拖中钻柱承受的最大阻力（出现于回拖起点）与管道承受的最大阻力（出现于回拖终点）处于同一数量级，依次为 14.06 kN、12.00 kN（$\mu_b=0.24$）；对于钢管，前者则远小于后者，依次为 7.85 kN、44.56 kN（$\mu_b=0.46$）。

（3）地基反力系数 k。

k 并不是土壤的一个单一性质，可根据现场试验测定（如荷载板试验），其大小与构件尺寸、构件形状、构件埋置深度有关。采用 0.305 m 的方形板进行荷载板试验，软黏土、硬黏土、浸水砂三种土壤的 k 依次为：1.56×10^6 N/m³、7.8×10^6 N/m³、2.5×10^7 N/m³。采用上述三种土壤研究 k 对回拖载荷的影响规律，回拖载荷计算结果如图 7-8 所示。

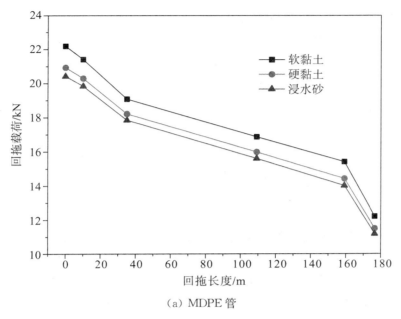

（a）MDPE 管

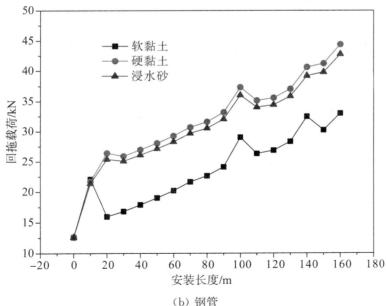

（b）钢管

图 7-8　地基反力系数 k 对回拖载荷的影响

根据图 7-8 中两组回拖载荷随 k 的变化曲线可以看出，回拖载荷随着 k 值的变化不呈现单调对应关系，随着 k 值的增大，MDPE 管的回拖载荷减小，而钢管的回拖载荷先增大后减小。这一现象的出现是由于 k 对回拖载荷的影响体现在两个方面：木楔效应系数与管道位移。k 增大时，木楔效应系数减小，可减小回拖阻力；管道位移减小，导向孔方向改变引起的阻力增大，可增大回拖阻力。k 值增大时，回拖载荷的变化趋势取决于两方面作用的对比，由于 MDPE 管抗弯刚度较小，木楔效应系数减小起主要作用，回拖载荷持续减小；对于抗弯刚度较大的钢管，由软黏土变化至硬黏土时管道位移减小起主要作用，回拖载荷增大，由硬黏土变化至浸水砂时木楔效应系数减小起主要作用，回拖载荷减小。

7.2.3　施工工艺参数

（1）泥浆泵排量 Q。

回拖载荷计算中使用的泥浆流量 Q_s 等于 Q 与导向孔中原有泥浆被挤出而产生的流量之和，反向点出现之前，泥浆沿管道与导向孔构成的环形空间流向地面，钻柱与导向孔构成的环形空间中 Q_s 为 0；反向点出现之后，泥浆沿钻柱与导向孔构成的环形空间流向地面，管道与导向孔构成的环形空间中 Q_s 为 0。对大中型穿越工程而言，回拖阶段泥浆的主要作用是稳定孔壁与润滑管道，使用的 Q 通常较小。此处选用钻机配套泥浆泵最大排量的 1 倍、2 倍、3 倍研究 Q 对回拖载荷的影响规律，回拖载荷计算结果如图 7-9 所示。

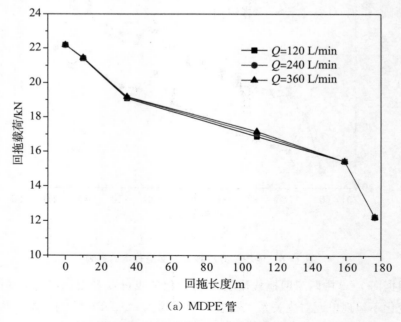

（a）MDPE 管

图 7-9　泥浆流量 Q 对回拖载荷的影响

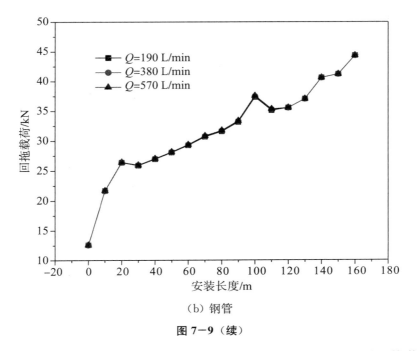

（b）钢管

图 7-9（续）

根据图 7-9 中两组回拖载荷随 Q 的变化曲线可以看出，Q 对回拖载荷的影响很小。在回拖起点与终点处，由于 Q 对回拖载荷计算中涉及的 Q_s 无影响，Q 的变化不影响对应位置处的回拖载荷。由此可以看出，Q 对正常工况下的回拖载荷影响很小，设置 Q 时应从其他角度考虑，如保持导向孔孔壁稳定性、润滑管道、携带钻屑等方面。

（2）泥浆流变参数（K、n）。

本书回拖载荷预测模型在计算泥浆拖曳阻力时，采用幂律流体模型描述泥浆，分析中使用的流变参数为稠度系数 K 与流性指数 n。此处采用 Ariaratnam 等的泥浆流变剪切实验数据（表 4-3）回归流变参数（K、n）：（0.1495、0.6389）、（0.1298、0.6701）、（0.7156、0.5201）、（6.4366、0.3063），四组泥浆的马氏漏斗黏度依次为：36 s、38 s、64 s、>500 s。采用四组流变参数分别研究（K、n）对回拖载荷的影响规律，回拖载荷计算结果如图 7-10 所示。

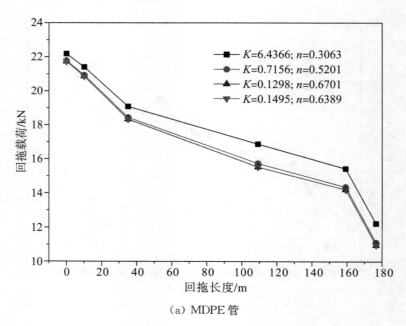

（a）MDPE 管

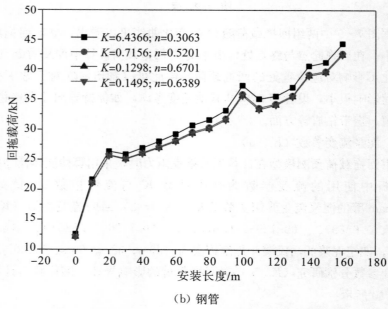

（b）钢管

图 7－10　泥浆流变参数（K、n）对回拖载荷的影响

根据图 7－10 中两组回拖载荷随（K、n）的变化曲线可以看出，对应马氏漏斗黏度为 36 s、38 s、64 s 的三组（K、n）计算得出的回拖载荷差别不大，>500 s 对应的（K、n）计算得出的回拖载荷则有较大幅度的增大。根据

Ariaratnam 等的研究，64 s 与＞500 s 对应泥浆的密度分别为 1.08 kg/L、1.14 kg/L，两者钻屑含量差别很小。由于回拖过程中钻柱、管道对导向孔孔壁存在扰动，新钻屑加入泥浆难以避免，当超过一定数量时，泥浆的马氏漏斗黏度会急剧增加，并相应引起回拖载荷较大幅度的增长。因此，回拖过程中应密切关注泥浆的马氏漏斗黏度，将其控制于合理范围之内。

（3）管道回拖速率 v_p。

钻机活动卡盘的最大移动速度与钻机型号有关，如 Ditch Witch 2040、Vermeer D24 ×40 钻机的活动卡盘最大移动速度分别为 0.62 m/s、1.27 m/s。然而，在回拖阶段，回拖速率过快容易破坏导向孔孔壁的稳定性，因此穿越工程中回拖管道时通常采用较小的回拖速率。此处基于两例穿越工程的实际回拖速率，MDPE 管、钢管各自上下波动 0.04 m/s、0.06 m/s 研究 v_p 对回拖载荷的影响规律，回拖载荷计算结果如图 7－11 所示。

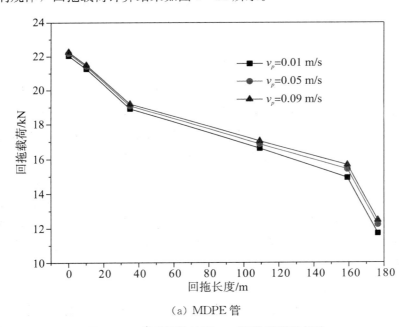

（a）MDPE 管

图 7－11 管道回拖速率 v_p 对回拖载荷的影响

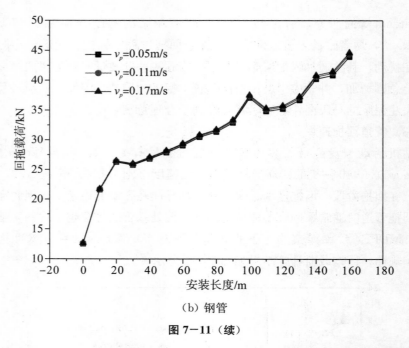

（b）钢管

图 7-11（续）

根据图 7-11 中两组回拖载荷随 v_p 的变化曲线可以看出，回拖载荷随 v_p 的增大而增大，但幅度较小。在正常工况下，v_p 对回拖载荷的影响只体现于泥浆拖曳阻力，故回拖载荷受 v_p 影响产生的波动幅度可从侧面反映出泥浆拖曳阻力在回拖载荷中占有的比例，根据两组曲线可以明显看出，MDPE 管的泥浆拖曳阻力在回拖载荷中占有的比例明显高于钢管。由于 v_p 对回拖载荷影响较小，施工中应从其他角度合理确定 v_p 取值，如导向孔孔壁的稳定性，回拖过程中钻柱对导向孔孔壁存在较严重的"啃边"现象，且回拖速率波动时易产生压力激动问题，即导向孔内泥浆的压力因钻柱、管道的运动产生骤变，进一步强化对孔壁的干扰。

（4）导向孔扁率 α。

α 等于椭圆长、短半径之差与长半径的比值，导向孔横截面为圆形时 α 等于 0，长半径等于 2 倍短半径时 α 等于 0.5。此处在 0～0.5 之间取值，研究 α 对回拖载荷的影响规律，回拖载荷计算结果如图 7-12 所示。

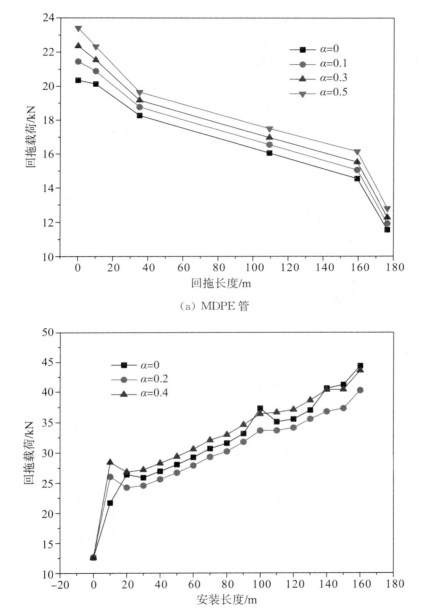

（a）MDPE 管

（b）钢管

图 7−12　导向孔扁率 α 对回拖载荷的影响

　　根据图 7−12 中两组回拖载荷随 α 的变化曲线可以看出，回拖载荷随着 α 的变化不呈现单调对应关系，对于 MDPE 管，回拖载荷随 α 的增大而增大，而钢管的回拖载荷随 α 的增大先减小后增大。与地基反力系数的影响规律类似，α 对回拖载荷计算的影响体现在两个方面：木楔效应系数与管道位移。α 增大时，木楔效应系数增大，可增大回拖载荷；管道位移增大，导向孔方向改变引起的阻力减小，可减小回拖载荷。α 值增大时，回拖载荷的变化趋势取决于两方面作用的对比，由于 MDPE 管抗弯刚度较小，木楔效应系数增大起主要作用，回拖载荷持续增大；对于抗弯刚度较大的钢管，α 由 0 变化至 0.2 时管道位移增大起主要作用，回拖载荷减小；由 0.2 变化至 0.4 时木楔效应系数增大起主要作用，回拖载荷增大。

（5）泥浆密度 ρ_s。

泥浆是钻进液与钻屑的混合物，通常情况下钻进液的密度稍高于水，ρ_s 的高低主要取决于钻屑的含量。此处基于两例工程中各自的 ρ_s，以 100 kg/m³ 为间隔上下波动研究 ρ_s 对回拖载荷的影响，回拖载荷计算结果如图 7—13 所示。

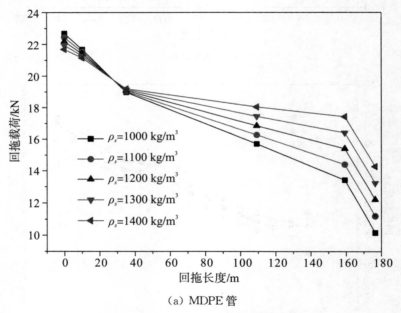

（a）MDPE 管

图 7—13　泥浆密度 ρ_s 对回拖载荷的影响

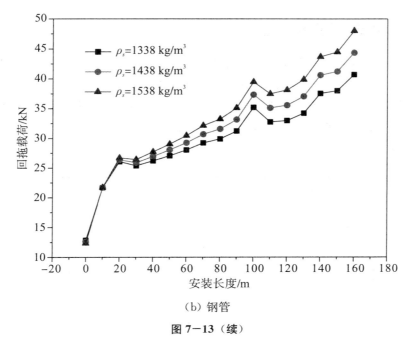

（b）钢管

图 7-13（续）

根据图 7-13 中两组回拖载荷随 ρ_s 的变化曲线可以看出，ρ_s 对回拖载荷的影响可分为两个区域：回拖起点附近，回拖载荷随 ρ_s 的增大而减小，此后回拖载荷随 ρ_s 的增大而增大。ρ_s 对回拖载荷的影响主要体现于导向孔内管道重量及由此引起的管土摩擦力，计算时采用管道的沉没重量，即管道重力与浮力的差值。两例穿越工程中，钻柱在泥浆中均处于下沉状态，管道在泥浆中均处于上浮状态，故随着 ρ_s 的增大，回拖载荷随安装长度出现先减小后增大的趋势。

7.3 回拖载荷特征参数敏感性分析

上节内容研究了各项特征参数对回拖载荷的影响规律，据此可为减阻工艺各项工艺参数的制定提供指导。在实际工程中，合理确定减阻措施还需分析回拖载荷计算对诸特征参数的敏感性，有针对性地制定减阻工艺。

基于两例穿越工程的工艺参数，按照上节所用的参数变化范围进行敏感性分析，由于实际工程中部分参数无法连续取值，如流变参数（K、n）成对出现，彼此间存在一定联系，故分析中未予考虑。

7.3.1　MDPE 管穿越工程

由于回拖载荷随着安装长度动态变化，不同位置处回拖阻力的比例构成不同，故各项特征参数对回拖载荷的影响规律在不同位置处也有差别。因此，选择回拖起点、中间某点以及终点处的回拖载荷进行敏感性分析，此处选择关键点 1、3、6 考察回拖载荷计算对 OR、α、Q、v_p、μ_g、μ_b、ρ_s 的敏感性，分析结果如图 7−14、图 7−15、图 7−16 所示。

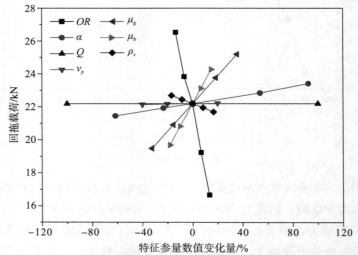

图 7−14　关键点 1 处回拖载荷特征参数敏感性分析

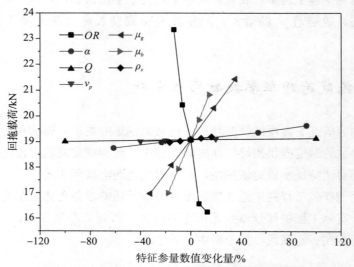

图 7−15　关键点 3 处回拖载荷特征参数敏感性分析

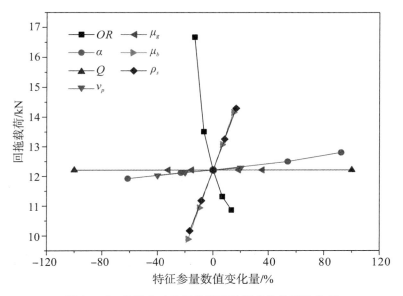

图 7-16　关键点 6 处回拖载荷特征参数敏感性分析

根据图 7-14～图 7-16 的三组曲线，三个关键点处回拖载荷对特征参数的敏感性由高到低排序依次为，关键点 1：OR、μ_b、μ_g、ρ_s、α、v_p、Q；关键点 3：OR、μ_b、μ_g、ρ_s、α、v_p、Q；关键点 6：OR、μ_b、ρ_s、α、v_p、Q、μ_g。由于 μ_g 不参与终点处回拖载荷的计算，故在关键点 6 处的排序中排在最后一位。现场制定减阻工艺时，参考上述顺序优先针对敏感性强的特征参数采取工艺措施可有效降低回拖阻力。

7.3.2　钢管穿越工程

选择关键点 1、9、17 考察回拖载荷计算对 OR、Q、v_p、μ_g、μ_b、ρ_s 的敏感性，分析结果如图 7-17、图 7-18、图 7-19 所示。

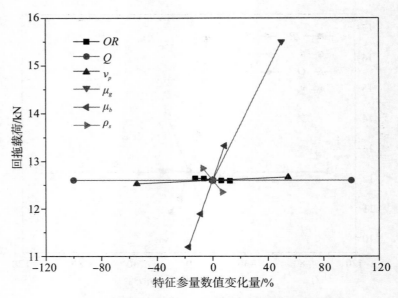

图 7-17　关键点 1 处回拖载荷特征参数敏感性分析

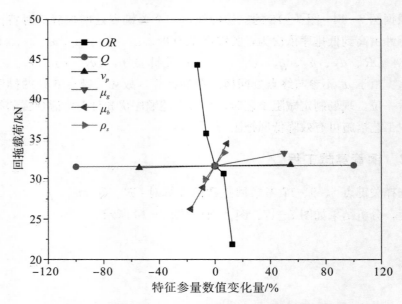

图 7-18　关键点 9 处回拖载荷特征参数敏感性分析

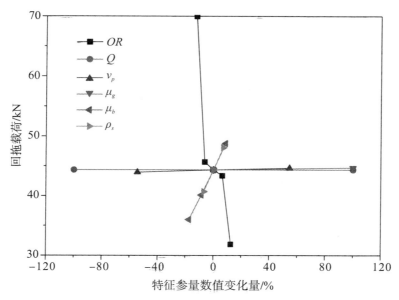

图 7-19　关键点 17 处回拖载荷特征参数敏感性分析

　　根据图 7-17~图 7-19 的三组曲线，三个关键点处回拖载荷对特征参数的敏感性由高到低排序依次为：关键点 1：μ_b、μ_g、ρ_s、OR、v_p、Q；关键点 9：OR、μ_b、ρ_s、μ_g、v_p、Q；关键点 17：OR、ρ_s、μ_b、v_p、μ_g、Q。需要注意的是，关键点 17 处并非回拖终点，μ_g 对此处回拖载荷的计算仍有影响。

　　综合 MDPE 管、钢管穿越工程的回拖载荷特征参数敏感性分析，扩径比 OR、地表面管土摩擦系数 μ_g、导向孔内管土摩擦系数 μ_b、泥浆密度 ρ_s 对回拖载荷影响较大，其他参数如导向孔扁率 α、回拖速率 v_p、泥浆流量 Q 则影响较小。此外，敏感性分析图中的曲线并非直线，以 OR 对应的曲线最为明显，这表明各项特征参数并非按照线性关系影响回拖载荷的计算。

7.4　回拖阻力各项分力贡献权重分析

　　由于穿越工程实际情况的复杂性，在回拖阻力各项分力的计算中不可避免地引入各种简化与假设，计算结果与实际情况之间一定存在偏差。偏差对回拖载荷预测方法准确度与可靠性的影响程度取决于分力在回拖阻力中占有的比例，若某项分力在回拖阻力中占有较高比例，则该项分力计算中的偏差对回拖载荷影响较大，应慎重处理其分析中采用的简化与假设。因此，研究回拖阻力各项分力的贡献权重对提高回拖载荷预测方法的准确度与可靠性有重要意义。表 7-2 给出了 MDPE 管、钢管最大回拖载荷位置处（安装长度分别为 0 m、160 m 处）各项分力在回拖阻力中的比例。

表 7-2　各项分力对回拖载荷中的贡献权重

穿越工程	$(T_c)_i$/kN	$(T_g)_i$/%	$(T_b)_i$/%	$(T_d)_i$/%	$\sum \Delta T$/%	$(T_s)_i$/%
MDPE 管	22.19	33.8	0	0	1.9	64.4
钢管	44.36	1.1	53.0	3.6	36.5	5.8

可以看出，对于不同穿越工程，不仅回拖载荷最大值出现位置会有区别，而且最大载荷位置处各项分力在回拖阻力中的比例也会有很大差别。此外，在回拖过程中，各项分力对回拖载荷的贡献权重是随安装长度动态变化的，下面给出并讨论 MDPE 管、钢管在回拖过程中各项分力贡献权重的变化规律。

7.4.1　MDPE 管穿越工程

图 7-20 为 MDPE 管回拖载荷预测值及各项分力随安装长度的变化关系图。明显看出，各项分力在整个回拖过程中是动态变化的，且变化幅度很大：钻柱承受的阻力由 14.29 kN 减小至 0、导向孔方向改变引起的阻力由 0.41 kN 增大至 2.65 kN、泥浆拖曳阻力由 0 增大至 1.23 kN、管道重量及由此引起的管土摩擦力由 7.49 kN 增大至 8.34 kN。

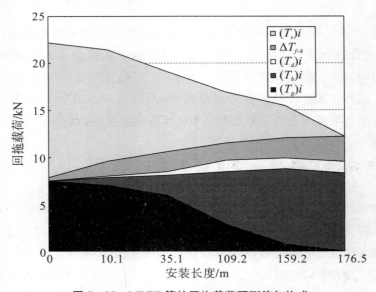

图 7-20　MDPE 管的回拖载荷预测值与构成

7.4.2 钢管穿越工程

图 7-21 为钢管回拖载荷预测值及各项分力随安装长度变化的关系图。与 MDPE 管类似，各项分力在整个回拖过程中动态变化且变化幅度很大：钻柱承受的阻力由 7.85 kN 减小至 2.56 kN、导向孔方向改变引起的阻力由 0.19 kN 增大至 16.20 kN、泥浆拖曳阻力由 0 增大至 1.60 kN、管道重量及由此引起的管土摩擦力由 4.56 kN 增大至 24.00 kN。

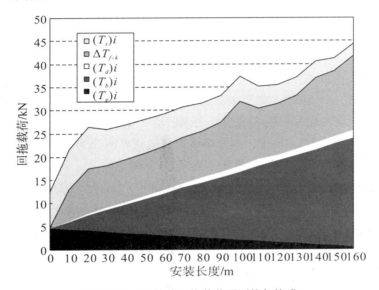

图 7-21　钢管的回拖载荷预测值与构成

综合 MDPE 管、钢管的回拖载荷构成可以看出，管道重量及由此引起的管土摩擦力是回拖载荷的重要组成部分，在整个回拖阶段的贡献权重均较高。由于钢管的抗弯刚度远大于 MDPE 管，导向孔方向改变所致阻力对回拖载荷的贡献权重明显高于 MDPE 管。泥浆拖曳阻力在回拖载荷中的贡献权重最高为 10.1%，出现于 MDPE 管回拖终点处，说明泥浆拖曳阻力在计算中不可忽略，与 Duyvestyn 的观点一致。钻柱承受的阻力对回拖载荷的贡献权重随安装长度的增加逐渐降低为 0，但由于贡献权重较大，致使 MDPE 管的回拖载荷最大值出现于回拖起点处，对应的贡献权重为 64.4%，因此，选择钻机型号必须根据卡盘处回拖载荷，采用回拖头处回拖载荷无法做出准确判断。

7.5 本章结论

基于 MDPE 管、钢管两例穿越工程，采用本书提出的回拖载荷预测方法研究了工程设计参数、穿越地层地质参数、施工工艺参数对回拖载荷计算的影响规律，分析了回拖载荷计算结果对各项特征参数的敏感性，并讨论了回拖阻力各项分力对回拖载荷的贡献权重。根据研究内容可以得出以下结论：

（1）工程设计参数包括穿越曲线结构与扩径比 OR。控向误差的存在导致导向孔的实际轨迹与设计的曲线间必定存在偏差，偏差超出临界点后会引起管道弯曲效应，迅速增大回拖载荷，以 y_A 表征临界点，则 MDPE 管、钢管穿越工程的临界值分别在 $1.1\sim1.9$ m、$-1.6\sim-1.4$ m 之间。OR 对回拖载荷影响很大，且存在一个临界点将影响区域分为两部分：敏感区域与非敏感区域，OR 在敏感区域变化时回拖载荷会有大幅波动，在非敏感区域变化时回拖载荷波动的幅度很小，MDPE 管、钢管穿越工程的临界值分别为 1.6、1.5。

（2）穿越地层地质参数包括地表面管土摩擦系数 μ_g、导向孔内管土摩擦系数 μ_b 与地基反力系数 k。μ_g 对回拖载荷影响较大，随着安装长度的增加影响逐渐减小直至为 0；μ_g 对回拖载荷的整体变化趋势有影响，可改变回拖载荷最大值出现的位置。以钢管穿越为例，μ_g 为 0.1、0.3 时最大回拖载荷出现于 160 m 处、μ_g 为 0.5 时最大回拖载荷出现于 100 m 处、μ_g 为 0.7 时最大回拖载荷出现于 20 m 处。μ_b 对回拖载荷影响较大，在两例穿越工程的取值范围内 μ_b 不影响回拖载荷的整体变化趋势。k 通过木楔效应系数与管道位移影响回拖载荷：k 增大时，木楔效应系数减小，可减小回拖阻力；管道位移减小，可增大回拖阻力，故 k 对回拖载荷的变化趋势的影响取决于两方面作用的对比。随着 k 值的增大，MDPE 管的回拖载荷减小，而钢管的回拖载荷先增大后减小。

（3）施工工艺参数包括泥浆泵排量 Q、泥浆流变参数（K、n）、管道回拖速率 v_p、导向孔扁率 α 与泥浆密度 ρ_s。Q 与 v_p 对回拖载荷影响较小，应从稳定导向孔孔壁、润滑管道、携带钻屑等角度确定取值。当泥浆中钻屑含量超过临界值后，其马氏漏斗黏度急剧增大，采用对应的（K、n）计算回拖载荷会有一定幅度的增大，钻屑含量在临界值之内时（K、n）的变化对回拖载荷影响很小。α 通过木楔效应系数与管道位移影响回拖载荷：α 增大时，木楔效应系数增大，可增大回拖阻力；管道位移增大，可减小回拖阻力，故 α 对回拖载荷的变化趋势的影响取决于两方面作用的对比。ρ_s 对回拖载荷有较大影响，两

例穿越工程中 ρ_s 的影响可分为两个区域：回拖起点附近。回拖载荷随 ρ_s 的增大而减小，此后回拖载荷随 ρ_s 的增大而增大，这一现象是由于 ρ_s 通过影响管道、钻柱在导向孔中的沉没重量而影响回拖载荷。

（4）根据回拖起点、中间某点与终点三处（MDPE 管：关键点 1、3、6；钢管：关键点 1、9、17）的回拖载荷研究预测计算对 OR、α、Q、v_p、μ_g、μ_b、ρ_s 的敏感性，结果表明 OR、μ_g、μ_b、ρ_s 对回拖载荷影响较大，α、v_p、Q 则影响较小。此外，敏感性分析图中的曲线并非直线，表明各项特征参数按照非线性关系影响回拖载荷的计算。

（5）回拖阻力的各项组成部分对回拖载荷的贡献权重是随安装长度动态变化的。管道重量及由此引起的管土摩擦力是回拖载荷的重要组成部分，在整个回拖阶段的贡献权重均较高；导向孔方向改变所致阻力对回拖载荷的贡献权重与管道抗弯刚度有密切联系，抗弯刚度较大时对应的贡献权重较大；泥浆拖曳阻力对回拖载荷有一定的贡献，实例中贡献权重最大值为 10.1%，出现于 MDPE 管回拖终点处；钻柱承受的阻力对回拖载荷的贡献权重随安装长度的增加逐渐降低为 0，但贡献权重较大。

第 8 章 水平定向钻减阻工艺研究

安全可行的减阻工艺不仅可保证 HDD 穿越工程的成功实施,而且还可拓展施工单位的业务领域,是工程单位与技术人员努力寻求的重点技术。目前出现的减阻技术多依靠工程经验获取,如管道发送技术、动态注水平衡减阻技术、泥浆减阻技术等,是在大量成功经验与失败教训的基础上总结出的工艺措施。然而,由于对回拖阻力的作用机理缺乏深入了解,在减阻技术的应用中出现不少问题,如导致管道在回拖过程中失稳变形,穿越工程失败。结合本书对回拖阻力作用机理的分析以及回拖载荷动态特性的研究内容,从选择穿越地层、设计穿越方案、纠偏工艺、发送管道方法、泥浆工艺的应用等几个环节探讨安全可行的减阻技术,并给出定量分析,为现场操作人员选用合理的减阻技术与工艺参数提供指导。

8.1 穿越地层的优选

选择合适的地层是成功实施穿越工程的重要保证,目前这一环节尚未得到足够重视,选择地层时仅将地层区分为可钻地层与不可钻地层两类,勘察得到的地质资料仅在评估 HDD 穿越技术是否可行时采用,部分 HDD 穿越工程甚至忽略地质勘查环节,直接进行盲钻。本节基于对回拖阻力作用机理的分析,从保持导向孔孔壁稳定性、减小回拖载荷的角度讨论在选择穿越轴线、设计穿越曲线两个环节中地层的优选方法。

8.1.1 穿越地层的基本类型

与油气钻井领域涉及的地层相比,水平定向钻穿越的地层深度较浅,工程中遇到的地层类型根据土颗粒的形状、级配或塑性指数可概括分为黏性土、砂类土、碎石类土、岩层。

各个类型的地层还可进一步细分,黏性土根据塑性指数可分为粉质黏土、黏土,砂类土根据颗粒级配可分为粉砂、细砂、中砂、粗砂、砾砂五种类型,碎石类土根据颗粒形状可分为角砾土、圆砾土、碎石土、卵石土、块石土、漂石土六种类型,岩层根据风化程度可分为未风化、微风化、弱风化、强风化、全风化五种类型。

除以上四种地层类型外,穿越工程中还可能遇到特殊土,包括软土、人工回填土、黄土、膨胀土、红黏土与盐渍土。

软土一般指天然含水量大、压缩性高、承载力低的一种软塑到流塑状态的黏性土,如淤泥、淤泥质土以及其他高压缩性饱和黏性土、粉土等。天然孔隙比大于1.5时称为淤泥,小于1.5而大于1.0时称为淤泥质土;土的烧失量大于5%时称为有机质土,大于60%时称为泥炭。

人工回填土指人类活动产生的堆积物,其成分通常较为杂乱,均匀性差。由碎石土、砂土、黏性土等一种或数种组成的称为素填土,经过分层压实的统称为压实填土,含有大量垃圾、工业废料等杂物的称为杂填土。

黄土指干燥气候条件下形成的具有灰黄色或棕黄色的特殊土,粒径范围在 $0.005 \sim 0.05$ mm 的颗粒占总质量的 50% 以上,这一粒级可细分为细砂、粉土与黏粒。黄土质地均匀、结构疏散、空隙率很高,且具有湿陷性,通常地层越老,空隙率越低,坡积、残积黄土的空隙率比冲积黄土高。

膨胀土的黏粒成分主要由亲水性矿物质组成,液限大于 40%,膨胀性能较大,自由膨胀率大于 40%。在自然状态下,多呈硬塑性或坚硬状态,具有黄、红、灰白等颜色。

红黏土指石灰岩、白云岩、泥灰岩等碳酸盐类岩石经过风化过程后,残积、坡积形成的褐红、棕红、黄褐色高塑性黏土。红黏土的粒度成分中,小于 0.005 mm 的黏粒含量一般为 $60\% \sim 80\%$,其中小于 0.002 mm 的胶粒占 $40\% \sim 70\%$,使其具有高分散性。

盐渍土指易溶盐类含量大于 0.5% 的土。盐渍土具有吸湿、松胀特性,冬季土体膨胀、雨季强度降低,在潮湿状态时,含盐量越高,强度越低。

8.1.2 HDD 穿越的适宜地层

顺利完成管道回拖、回拖过程中管道不发生破坏是判断穿越工程是否成功的两项重要判据,而施工中导向孔的稳定性是实现两项目标的关键问题,导向孔的稳定性则直接关联于穿越地层的类型。因此,选择适宜的穿越地层是成功实施穿越工程的重要保证,《油气输送管道穿越工程设计规范》5.1.7 条款规定:"定向钻不宜在卵石层、松散状砂土或粗砂层、砾石层与破碎岩石层中穿越。当出入土管段穿过一定厚度的卵石、砾石层时,宜选择采取套管隔离、注浆固结、开挖换填措施处理。"而《油气输送管道穿越工程施工规范》6.1.6条款则提道："对出土点或入土点侧含有卵砾石等不适合水平定向钻施工的地质条件时，宜采取套管隔离、注浆加固或开挖换填等措施进行地质改良。"

HDD 穿越中经常遇到难以保证导向孔孔壁稳定性的地层，包括水敏性地层与机械分散性地层。水敏性地层对水很敏感，遇水后易产生吸水膨胀、分散、崩解、剥落等现象，主要包括黏性土、盐渍土、含黏土矿物的岩石以及水溶性矿物胶结填充的地层等，根据所含矿物的物理化学性质、含量与软硬程度，可区分为溶胀分散地层与水化剥落地层两类。机械分散性地层指砾石层、砂层、淤泥层等无黏性松散地层，在此类地层中钻进施工时，地层结构容易受到破坏，导向孔孔壁稳定性较差，容易出现孔壁坍塌。

穿越工程选线时，应将保证导向孔孔壁稳定性作为首要目标，尽量避开上述不利地层，无法避开时，施工中需采取相应措施减小此类地层的不利影响，如合理选择钻头与扩孔器、充分发挥泥浆的护壁功能、采用注浆或隔绝方法预处理地层、避免长时间静置导向孔等。

8.1.3　穿越地层优选原则

在穿越轴线确定后，沿线的穿越地层一般由多种地层类型构成，如何在不同类型的地层中确定穿越曲线结构是设计人员必须解决的问题，减小回拖载荷应作为这一环节任务的首要目标。

地层对回拖载荷的影响主要体现于木楔效应，而地层的地基反力系数是影响木楔效应系数求解的关键因素。根据前文的分析，木楔效应系数随地基反力系数的增大而减小，因此在设计穿越曲线时应优先通过地基反力系数较大的地层，尤其对于管土间存在较大相互作用力的区段，如造斜段。表 8-1、8-2给出了部分地层的地基反力系数，设计穿越曲线时可供设计人员参考。

表 8-1　地基反力系数的某些典型值 $/\times 10^6 \, \mathrm{N \cdot m^{-3}}$

土壤类别	土壤组别与典型描述	地基反力系数
高压缩性 细粒土	中至高塑性有机黏土	10～30
	高塑性黏土（无机的）、肥黏土	10～40
	云母或硅藻质细砂和粉性土、弹性粉土	10～50

土壤类别	土壤组别与典型描述	地基反力系数
低至中等压缩性细粒土	有机粉土、低塑性有机粉土与黏土	20～25
	低塑性至中等塑性的黏土、粉性黏土、黄黏土	30～60
	粉土（无机的）与极细砂、岩粉、低塑性和黏性细砂	40～80
砂与砂类土	细砂、粉砂、黏质砂土、级配差的砂与黏土混合土	50～90
	级配差的砂：含少许或不含细粒土	55～90
	级配良好的砂与黏土混合土：具有极好的黏结料	70～155
	级配良好的砂与砂夹砾石：含少许或不含细粒土	70～155
砾石与砾石类土	细砾石、重粉质砾石、黏性砾石、级配差的砾石、砂及黏土混合土	70～135
	级配差的砾石以及砾石夹砂混合土：含少许或不含细粒土	80～135
	级配良好的砾石、砂及黏土混合土：具有极好的结合料	110～190
	级配良好的卵石以及卵石夹砂混合土：含少许或不含细粒土	135～190

表 8-2　地基反力系数的某些典型值 $/\times 10^6 \ \text{N} \cdot \text{m}^{-3}$

		相对密度		
		松散	中密	密实
粒状土	干或稍湿砂（范围）	6.25～18.7	18.7～93.6	93.6～312
	干或稍湿砂（建议值）	12.5	40.5	156
	浸水砂（建议值）	7.8	25	97
		硬度		
		硬	很硬	坚硬
超固结土	取值范围	15.6～31.2	31.2～62.4	＞62.4
	建议值	23.4	46.8	93.6
正常固结黏土	正常固结黏土呈现明显的随时间变形的特性，取值时需考虑这一影响因素。典型值可自极软黏土的 1.56 至硬黏土的 7.8。			

8.2 穿越方案的优化设计

8.2.1 穿越曲线设计方法

穿越工程的方案设计是工程实施中遇到的第一个问题，国内研究成果中已有三种设计方法：垂直平面法、斜平面法与动态规划法。

垂直平面法中，HDD 穿越曲线设计在垂直平面内进行，通过预先设定曲线的已知参量，进行几何运算，然后获得整条曲线的尺寸参量。采用垂直平面法设计穿越曲线时，曲线的典型结构为"斜直线－曲线－水平直线－曲线－斜直线"，如图 8-1 所示。由于穿越工程受入（出）土点位置、入（出）土角、管道埋深、管道口径等因素的限制，穿越曲线可派生出其他 13 种曲线结构。

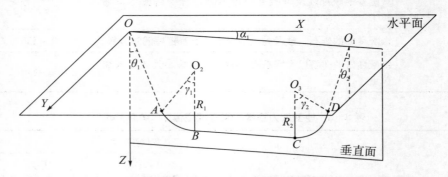

图 8-1 垂直平面法设计穿越曲线

当穿越地层中存在障碍物，且要求此处管线必须为直线时，采用垂直平面法难以有效获得经济合理的穿越曲线，斜平面法正是为解决此问题而提出的一种方法。为了避开障碍物，此方法将曲线设计改于一斜平面内进行，如图 8-2 所示。首先根据地下障碍物的分布、管道埋深的限制范围以及左右限制范围确定管线穿越段的最合理位置，然后对入土段和出土段分别用最优化方法进行设计，最后进行坐标变换，得到穿越曲线的三维坐标。

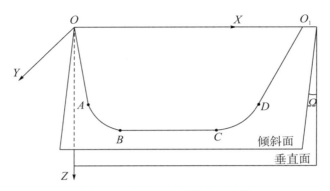

图8-2 斜平面法设计穿越曲线

在地下障碍物较多的情况下，采用斜平面法可能无法获得经济合理的穿越曲线。为避开障碍物，在设计过程中引入由美国数学家贝尔曼等人提出的动态规划最优化原理，采取连续曲线段与直线段组合的形式在垂直平面内设计穿越曲线，这一方法称为动态规划法，如图8-3所示。此方法将HDD穿越曲线的设计视为一个多阶段决策过程。首先将曲线分为若干阶段（即若干线段），然后各阶段分别在垂直平面内进行设计，此环节与斜平面法设计入（出）土段原理相同，最后根据最优化递推方程得到最终的穿越曲线。

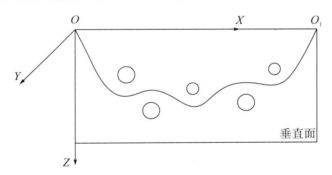

图8-3 动态规划法设计穿越曲线

由于钻机配套的控向系统定位精度有限，结构复杂的穿越曲线不利于工程施工。垂直平面法所得曲线结构固定，其典型结构由三条直线段和两条曲线段组成，由此衍生的其他13种曲线结构亦简单适用，便于穿越工程的施工。斜平面法将穿越曲线置于倾斜平面内，施工中钻机架底座在安装时需要与水平面呈一定角度，不利于钻机的锚固，增大施工风险。动态规划法获得的穿越曲线含有较多曲线段，结构复杂，不利于工程施工，尤其对于长距离穿越工程。

敷设油气管道的穿越工程一般地处野外，远离人口密集、地下构筑物复杂的城镇，穿越地层没有障碍物，目前这类穿越工程的设计多采用垂直平面法。在应用过程中此方法可分为三种具体情况，即出土点 O_1 与 A 点的位置、出土点 O_1 的位置、水平穿越点（点 B、C）的位置分别受到限制。

在图 8-1 给定的坐标系 $O-XYZ$ 中，O、O_1 点的地面高差 h 的正负号规定为 O_1 比 O 低时取负值，即：

$$h = -Z_{O_1} \tag{8-1}$$

式中，Z_{O_1} 为 O_1 点的 Z 轴坐标值。

①入（出）土曲线段的曲率半径 R_1、R_2：

$$R_1 = \frac{57.3}{i_{\gamma_1}}; \; R_2 = \frac{57.3}{i_{\gamma_2}} \tag{8-2}$$

式中，i_{γ_1}、i_{γ_2} 分别为圆弧 AB、CD 的弯曲强度。

②A、O_1 点坐标：

$$Y_A = X_A \tan\alpha_1 \tag{8-3}$$

式中，α_1 为水平方位角，即垂直平面与 X 轴间的夹角。

$$Y_{O_1} = X_{O_1} \tan\alpha_1 \tag{8-4}$$

③O 点顶角 θ_1：

$$\theta_1 = \frac{\pi}{2} - \arctan\left(\frac{Z_A}{\sqrt{X_A^2 + Y_A^2}}\right) \tag{8-5}$$

④B 点坐标（X_B，Y_B，Z_B）：

$$\begin{cases} X_B = X_A + R_1 \cos\theta_1 \cos\alpha_1 \\ Y_B = Y_A + R_1 \cos\theta_1 \sin\alpha_1 \\ Z_B = Z_A + R_1(1 - \sin\theta_1) \end{cases} \tag{8-6}$$

⑤埋管深度 H：

$$H = |Z_B| \tag{8-7}$$

⑥D 点坐标（X_D，Y_D，Z_D）：

$$\begin{cases} X_D = X_{O_1} - [-Z_{O_1} + H - R_2(1 - \sin\theta_2)]\tan\theta_2 \cos\alpha_1 \\ Y_D = Y_{O_1} - [-Z_{O_1} + H - R_2(1 - \sin\theta_2)]\tan\theta_2 \sin\alpha_1 \\ Z_D = H - R_2(1 - \sin\theta_2) \end{cases} \tag{8-8}$$

式中，θ_2 为 O_1 点顶角。

⑦C 点坐标（X_C，Y_C，Z_C）：

$$\begin{cases} X_C = X_D - R_2 \cos\theta_2 \cos\alpha_1 \\ Y_C = Y_D - R_2 \cos\theta_2 \sin\alpha_1 \\ Z_C = Z_D + R_2(1 - \sin\theta_2) \end{cases} \tag{8-9}$$

8.2.2　穿越曲线的优化设计

垂直平面法在设计中选用笛卡尔坐标系，坐标系原点 O 默认为穿越曲线的入土点，这一假设导致设计过程无法优选入土点位置，与在现场入土点可有较宽的选择范围有很大差别。宗全兵等人在穿越曲线 OB 与 CO_1 两段（图 8－1）的设计中引入优化思想，将其优化设计视为非线性规划问题。以 OB 段的设计为例，优化目标为 OB 段长度最短，优化参量为入土角 γ_1 与曲率半径 R_1，建立数学优化模型为：

$$\min S_1 = (H + R_1\cos\gamma_1 - R_1)/\sin\gamma_1 + (\pi\gamma_1 R_1)/180$$

$$\text{s. t}\begin{cases} x_1 = R_1\sin\gamma_1 + (H + R_1\cos\gamma_1 - R_1)\cot\gamma_1 \in [x_{1\min}, x_{1\max}] \\ H + R_1\cos\gamma_1 - R_1 \in [H_{\min}, H_{\max}] \\ R_1 \in [1200d_p, +\infty) \\ \gamma_1 \in [\gamma_{1\min}, \gamma_{1\max}] \end{cases} \tag{8-10}$$

式中：S_1 为入土段长度；x_1 为入土点坐标，根据施工场地限制考虑；$H_{\min}$、$H_{\max}$ 为造斜点 A 深度的上下限，大小取决于穿越地层的地质条件；γ_1 为入土角，大小取决于钻机的开孔能力，取值范围为 $[\gamma_{1\min}, \gamma_{1\max}]$。

长度最短并非唯一优化目标，鲁琴以点 O 至点 B 的钻进台时数 T 最小为优化目标，入土角 γ_1 与曲率半径 R_1 为优化参量，建立入土点的优化模型：

$$\min T = c_1(H + R_1\cos\gamma_1 - R_1)/\sin\gamma_1 + c_2(\pi\gamma_1 R_1)/180$$

$$\text{s. t}\begin{cases} \gamma_1 \in [\gamma_{1\min}, \gamma_{1\max}] \\ R_1 \in [1500d_p, +\infty) \\ l_1 = (H + R_1\cos\gamma_1 - R_1)/\sin\gamma_1 \in [10, +\infty) \\ x_1 = R_1\sin\gamma_1 + (H + R_1\cos\gamma_1 - R_1)\cot\gamma_1 \in [x_{1\min}, x_{1\max}] \end{cases} \tag{8-11}$$

式中：T 为入土段的钻进台时数；H 为管道敷设深度；c_1、c_2 分别为直线段与曲线段钻进单位长度所耗台时数；R_1 为入土曲线段曲率半径，宜大于 $1500d_p$；l_1 为入土直线段长度，应不小于 10 m。

通过上述优化设计的分析，目前的研究目标为长度最短或钻进台时数最小。然而，基于优化方法进行设计可缩短的穿越长度为 1 m 量级，对整个 HDD 穿越工程而言应用价值较小。优化设计的重点应针对回拖载荷，减小回拖载荷、预防管道在回拖过程中失稳破坏应被作为穿越曲线设计的首要目标。

8.2.3　扩径比的选取

扩径比对回拖载荷有极大影响，穿越工程中扩径比设置过小，回拖载荷最

大值超出钻机最大推拉能力而穿越失败的风险很高。另外，扩径比设置过大，在各种扰动作用下大孔径的导向孔容易坍塌，引起卡钻事故。因此，合理设置扩径比是保证穿越工程成功实施的关键问题，本节从减小回拖载荷的角度讨论扩径比的取值方法。

过小的扩径比会大幅提高回拖载荷的根本原因是管道弯曲效应引起的管土相互作用力，该作用力除直接增大回拖载荷外，还通过绞盘效应进一步增大回拖载荷。穿越曲线的设计方案中包括曲线段与直线段，管道通过曲线段时必定产生管道弯曲效应，无法避免；由于控向系统的误差以及扩孔器因自重而产生的下沉作用，施工中钻进导向孔直线段时不可避免存在弯曲（见图8-4），回拖管道通过此类弯曲时是否产生管道弯曲效应以及管道弯曲效应引起的回拖载荷增量的量级应作为设置扩径比的计算依据。将弯曲处偏离原导向孔中心线的距离记为 s，其数值的大小与穿越地层的构成和类型、施工队伍的业务熟练程度有直接联系。

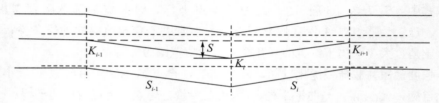

图8-4 导向孔直线段弯曲示意图

不产生管道弯曲效应是管道通过直线段弯曲时的最佳状况，此时扩径比的最小值等于：

$$OR = \frac{r_p + s}{r_p} \qquad (8-12)$$

根据式（8-12）得出的扩径比通常过大，不利于导向孔孔壁的稳定性。此外，管道的抗弯刚度较小时（如塑料管），其弯曲效应引起的管土相互作用力在一定范围内可以接受。因此，确定穿越工程的扩径比时，可采用本书预测模型求解不同扩径比下的回拖载荷预测值，扩径比影响回拖载荷的敏感区域与非敏感区域的分界点对应的数值应作为最优扩径比。

8.3 导向孔钻进阶段的纠偏工艺

实际的穿越曲线与设计的曲线之间总存在一定偏差，导致偏差出现的原因涉及六个方面，分别为：穿越地层的非均质与非各向同性、钻具在轴向与侧向上的钻进效率存在差异、钻进操作工艺参数、定位数据的间断性采集、定位数据采样方法不当、外界磁场干扰。施工中，当发现导向孔轨迹偏离设计曲线时，一般采用以深度控制为主、倾斜角控制为辅的方法来进行钻孔纠偏。以深度控制为主，就是当实际轨迹深度大于或小于设计深度时，不管钻头的倾角如何，进行造斜钻进，使深度偏差缩小。

在目前通用的纠偏措施中，纠偏长度即纠偏工艺在多大长度范围内完成尚无明确规定，仅依据施工经验定性要求纠偏须在 1～3 根钻杆长度范围纠偏0.3～0.6 m，但目前工程中使用的钻杆长短不一，短至 3 m、长达 10 m，差别较大，这一定性要求缺乏可靠性。此处从减小回拖载荷的角度讨论纠偏长度的确定方法。

与8.2.3节中讨论的导向孔弯曲不同，采用纠偏工艺处理的导向孔弯曲偏差较大，是施工中可以避免出现的问题，属于施工失误。根据《油气输送管道穿越工程施工规范》的条文说明，导向孔的实际曲线与设计曲线的偏差包括横向偏差、上下偏差、出土点横向偏差与出土点纵向偏差，数值不应大于安装长度的1%，且应符合表8-3的规定。可以看出，对于此类弯曲，难以通过增大扩径比的方式避免管道弯曲效应，只能通过设置合理的纠偏长度限制管道弯曲效应引起的回拖载荷增量。

表8-3　导向孔偏差允许范围/m

穿越曲线		出土点	
横向偏差	上下偏差	横向偏差	纵向偏差
±3	-2～+1	±3	-3～+9

建立纠偏段穿越曲线模型，如图8-5所示。由正常的关键点 K_{i-1} 钻进至关键点 K_i 时，检测 K_i 的坐标值与设计值偏差过大，须立即采取纠偏工艺，纠偏钻进至关键点 K_{i+1}。为简化分析，假定导向孔段 S_{i-1}、S_{i+2} 与 X 轴同向，土壤提供刚性支撑。分析中的已知参数包括 K_i 坐标（x_i, y_i）、导向孔孔径 D_B、管道直径 D_p，分析目的为得出 K_{i+1} 坐标与管道通过 K_i 时因管道弯曲效应引起的管土相互作用力之间的关系对应曲线。

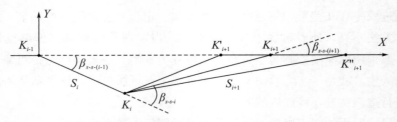

图8-5 纠偏段穿越曲线示意图

参考西安大略大学 Baumert 进行的 9♯ 穿越工程的相关数据，讨论纠偏长度的确定方法。9♯ 穿越工程钢管规格为 $\phi220 \times 4.8$ mm，安装长度为 157 m，导向孔扩孔孔径为 356 mm，钻杆长度为 3.05 m。正常情况下，导向孔钻进时每根钻杆检测一次钻头的位置，设导向孔段 S_i 长度 L_i 为 3 m，关键点 K_i 偏离中心线的距离为 1.6 m，则 K_i 的坐标为（2.54、−1.6）。根据回拖载荷预测模型中管道弯曲效应的分析方法，计算 K_i 处管土相互作用力在 XY 平面内的分力与导向孔段 S_{i+1} 的长度 L_{i+1} 之间的对应关系，如图 8−6 所示。

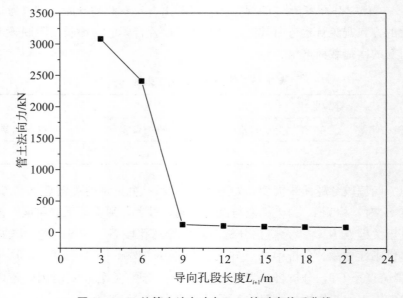

图8-6 K_i处管土法向力与L_{i+1}的对应关系曲线

从图中可以看出，管土法向力随导向孔段长度 L_{i+1} 的变化幅度非常大，L_{i+1} 的最小值、最大值分别对应管土法向力的最小值、最大值，分别为 84.8 kN、3082.2 kN。在本算例中，纠偏工艺在 9 m 以上长度内完成时管土法向力变化幅度较小，但数值仍较高，这主要由导向孔段 S_i 的弯曲引起。因此，本算例中实施纠偏工艺时应在3根钻杆以上（包括3根）范围内完成。

8.4 回拖阶段管道的发送方法

由于管道与地表间摩擦系数较高，采用架空发送法、管沟发送法发送管道已在各种 HDD 穿越工程中得到普遍应用，各种方法均致力于降低管土间摩擦系数，以达到减小管道重量引起的管土摩擦阻力。此外，管道入土直线段与地表面之间存在较大夹角，管道回拖初期在此处的绞盘效应显著，施工中应予以考虑。

8.4.1 架空发送法

架空发送法的减阻原理是将管道与发送道之间的摩擦由滑动摩擦转变为滚动摩擦，有效减小管土间摩擦阻力。管道的支撑物可有多种形式，包括用细土、锯末或其他柔性材料装袋而成的软垫（见图8-7）、预制的钢架橡胶滚轴发送架、起重机吊装的滚轴发送带等。架空发送法适用于管道入土点一侧地形复杂（丘陵、河堤）或土质较差（硬质岩体较多）的地域，且滚轴类减阻措施的应用效果通常优于软垫。此外，在发送道上间隔一定距离预置土堆，将管道直接放置土堆上进行回拖的方法在工程中也有采用。

图8-7 软垫发送法

8.4.2 管沟发送法

管沟发送法利用水的浮力使管道漂浮于管沟内，使管道与发送道之间脱离接触，此时管土间摩擦阻力近似为零，如图8-8所示。该方法施工方便、减

阻效果好，对不能满足发送道为直线的地域有较强的适应能力。一般情况下，管沟的底部宽度应比管道直径大 500 mm，管沟内最小注水深度宜超过管道直径的 1/3。管沟发送法适用于管道入土点一侧地势平坦、取水方便的地域。

图 8−8　管沟发送法

8.4.3　管道入土点处绞盘效应

　　管道发送工艺主要针对地表面上管道因自重引起的管土摩擦阻力，而在管道入土点处由于存在较大拐角，绞盘效应引起的回拖阻力较大，尤其在回拖阶段的初期，根据绞盘力的计算公式（3−24），假定管道通过拐角前承受的总阻力为 50 t，图 8−9 给出了拐角处的绞盘力随管土间摩擦系数与拐角处夹角值变化的计算结果。数据表明此项阻力有较大的波动范围，在回拖减阻工艺中应予以考虑。

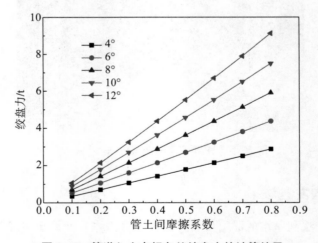

图 8−9　管道入土点拐角处绞盘力的计算结果

要弱化管道入土点拐角处的绞盘效应，可采取的减阻措施为减小出土角与管土间摩擦系数。根据管道埋深要求及长度限制，目前 HDD 穿越工程的出土角一般大于 6°，出土角的下调空间不大，只能采用减小管土间摩擦系数的措施。在管道发送方法中，采用滚轴发送带发送管道时起重机一般位于管道入土点附近（见图 8-10），该方法使管道在拐角处不与土壤直接接触，将滑动摩擦转变为滚动摩擦，可有效减小摩擦系数。对于无法采用此种管道发送方法的穿越工程，回拖时采取简单易行的措施，将管道入土点拐角处的管土滑动摩擦转变为滚动摩擦亦可达到减阻目的，下面介绍一种可行的滚轴减阻技术。

图 8-10　起重机吊装滚轴发送带发送管道

在管道入土点拐角的两端分别设置发送坑与接收坑，管道回拖时通过发送坑向管道底部间隔一定距离持续置入滚轴，滚轴滚动至接收坑内回收循环利用，图 8-11 为滚轴减阻技术的操作示意图。该方法的实施要点是接收坑位置的选取，滚轴落入接收坑前应能避免拐角处管道与土壤的直接接触。滚轴的选型应满足质地柔软，以防刮伤管道外防腐层，管线敷设施工中使用的气囊是一种较为理想的选择（见图 8-12）。

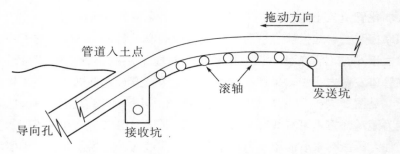

图 8-11　管道入土点处滚轴减阻技术示意图

图 8-12　支撑管道的气囊

8.5　泥浆工艺的应用

　　钻进液被称为水平定向钻穿越工程的"血液"，在导向孔钻进、扩孔与管道回拖三个阶段均扮演着重要角色，主要表现为携带钻屑、润滑管道与稳定孔壁，对管道能否成功穿越起着关键作用。本节内容基于现有成果，着重分析施工过程中泥浆压力与泥浆泵量的控制问题。

8.5.1　泥浆许用压力

　　HDD施工过程中，泥浆控制的首要任务是保证流量，随着工程参数与地质条件的变化，泥浆压力会呈现大幅度波动特性。过低的泥浆压力难以保证孔壁稳定性，携带钻屑的功能也受到影响，而泥浆压力过高则会破坏导向孔周围土层，导致泥浆返回异常，这些问题均为穿越工程成功实施的潜在威胁。然而，相关标准规范中尚未涉及泥浆压力的控制问题，只能依靠现场施工经验进行操作，安全性较差。下文结合泥浆作用机理、工程参数、地质条件给出泥浆压力控制范围的计算方法。

（1）最小需要泥浆压力。

与导向孔周围土壤压力相比，泥浆维持一定值的正压有助于提高 HDD 施工过程中孔壁的稳定性，该值一般在 10～30 kPa 之间。然而，这一相对正压值尚难以满足泥浆工艺的压力要求，闫相祯等人认为泥浆克服初始剪切阻力开始循环流动所需的压力为最小需要泥浆压力，该值等于高度差引起的静压力与泥浆流动所需动压力之和。Baumert 等人则认为泥浆的携带钻屑功能有更高的压力要求，动压力的下限应根据此工艺需求进行计算。根据 HDD 施工经验易知，最小需要泥浆压力应满足泥浆携带钻屑的工艺要求。

为研究环形空间中泥浆携带钻屑的作用机理，Becker 等人进行了 180 组实验，系统分析泥浆流变性、泥浆流量、导向孔倾斜角度等可控因素对携带钻屑功能的影响规律，倾斜角为 0°与 20°的系列实验结果表明，泥浆流量对携带钻屑功能的影响明显高于泥浆流变性，处于紊流状态的泥浆有良好的钻屑携带功能。

（2）最大允许泥浆压力。

HDD 穿越工程中，泥浆泄漏及孔壁漏塌问题时有发生，泥浆使用压力过高是其直接原因。目前泥浆压力过高导致土层破坏的机理研究中有两种破坏准则，即土层剪切破坏与张性破裂。根据土层剪切破坏准则，采用空穴膨胀理论可推导出泥浆许用压力上限值的计算公式：

$$P_{\max} = (P_f + c\cot\phi)\left[\left(\frac{R_B}{R_{p,\max}}\right)^2 + Q\right]^{\frac{-\sin\phi}{1+\sin\phi}} - c\cot\phi \qquad (8-13)$$

式中，$P_{\max}$ 为泥浆的最大许用压力；P_f 为土层开始塑性变形时的泥浆压力；c 为黏聚力；ϕ 为内摩擦角；R_B 为导向孔半径；$R_{p,\max}$ 为塑性区半径；Q 为土层剪切模量 G 与有效应力 σ_0 的函数：

$$P_f = \sigma_0(1 + \sin\phi) + c\cos\phi \qquad (8-14)$$

$$Q = \frac{\sigma\sin\phi + c\cos\phi}{G} \qquad (8-15)$$

根据导向孔处于无限大土层中（$R_{p,\max} \to \infty$）的假定得出上限值，在纯黏性土层中采用 $P_{\max}$ 的 90% 作为最大允许泥浆压力。Brussel 与 Hergarden 认为土层无限大假设导致的计算偏差过大，建议在纯黏性土层、非黏性土层中 $R_{p,\max}$ 应分别采用上覆土厚度的 1/2 与 2/3 进行计算。

Kennedy 等人通过数值方法研究 HDD 泥浆泄漏问题，考虑土体的各向异性，先后分析了弹性土壤、纯黏性弹塑性土壤与颗粒状土壤对不同泥浆压力作用的响应机制，并根据模拟结果给出了土层出现张性破裂的临界压力。Xia 与 Moore 分析两种破坏准则的适用性后指出，大部分 HDD 泥浆泄漏问题因土层剪切破坏所致，土层张性破裂仅出现于超固结黏土层（侧向土压系数大于 1.8）中。

8.5.2　泥浆泵量与管道回拖速率的匹配

在导向孔钻进与扩孔阶段，泥浆的主要作用是携带钻屑，结合 Stoke 沉降公式与浆体输送粒状颗粒的水力学理论可以建立导向孔钻进与扩孔阶段所需泥浆流量 Q 与钻进速率 v 之间的函数关系：

$$v = \frac{\eta Q}{(1-\eta)A_a} \tag{8-16}$$

$$Q = \left[\frac{2\eta g D_B(\rho_c-\rho_s)}{e_s f_m \rho_s}\sqrt{\frac{4gd(\rho_c-\rho_d)}{3f_m\rho_d}}\right]^{1/3} \cdot A_a \tag{8-17}$$

式中，η 为钻屑含量；A_a 为导向孔横截面积；D_B 为导向孔直径；ρ_c 为钻屑密度；ρ_d 为钻进液密度；ρ_s 为泥浆密度，$\rho_s = \eta\rho_c + (1-\eta)\rho_d$；$e_s$ 为悬浮效率系数，一般取 0.006～0.01，与钻屑含量呈反比关系；f_m 为泥浆阻力系数，一般取 0.02；g 为重力加速度；d 为钻屑粒径，现场可按钻屑的平均粒径取值。

然而，在多数穿越工程的管道回拖阶段，泥浆的主要作用为润滑管道与稳定孔壁，此阶段所需泥浆泵量的分析明显不同于前两个施工阶段。稳定孔壁的功能体现于泥浆压力的控制，本节从润滑减阻的角度分析泥浆泵量与管道回拖速率之间的匹配关系。

《油气输送管道穿越工程施工规范》针对不同地质条件与管径大小的穿越工程，推荐了回拖过程中所用泥浆的马氏漏斗黏度范围（见表 8-4），而泥浆的马氏漏斗黏度与钻进液配方及泥浆密度之间存在对应关系（表 4-3、表 4-4）。因此，可通过泥浆黏度的控制范围求解泥浆泵量与管道回拖速率之间的函数关系。

表 8-4   回拖过程中泥浆马氏漏斗黏度取值表/s

管径/mm	地质					
	黏土	亚黏土	粉砂细砂	中砂	粗砂砾砂	岩石
<426	35~40	35~40	40~45	45~50	50~55	40~50
426~711	40~45	40~45	45~50	50~55	55~60	45~55
711~1016	45~50	45~50	50~55	55~60	60~80	50~55
>1016	45~50	50~55	55~60	60~70	65~85	55~65

针对导向孔直径为 D_B 的穿越工程，在管道回拖时，由泥浆泵注入导向孔的钻进液密度记为 ρ_{s1}，回拖头处导向孔中原有泥浆密度记为 ρ_{s2}，根据穿越地层的类型与钻进液的配方，确定新生成泥浆的推荐黏度值对应的密度值 ρ_s，则泥浆泵量 Q 与回拖速率 v_p 之间的函数关系式为：

$$Q = \frac{\rho_{s2} - \rho_s}{\rho_s - \rho_{s1}} \cdot \frac{\pi D_B^2}{4} \cdot v_p \tag{8-18}$$

根据上式即可确定泥浆泵量 Q 与回拖速率 v_p 的最佳搭配。对应推荐的泥浆黏度取值范围，新生成泥浆的密度存在一个取值空间，即：$\rho_{smin} \leqslant \rho_s \leqslant \rho_{smax}$，两项工艺参数 Q 与 v_p 中一项固定不变时，即可根据泥浆密度的上下限确定出另一项的取值范围，可将其作为现场施工参考。

8.6   本章结论

结合本书对回拖阻力作用机理的分析以及回拖载荷动态特性的研究内容，主要从减小回拖载荷的角度在选择穿越地层、设计穿越方案、纠偏工艺、发送管道方法、应用泥浆工艺等几个环节探讨安全可行的减阻技术，并给出定量分析。研究得出以下结论：

(1) HDD 适宜的地质类型包括岩石、砂土、粉土、黏性土。穿越工程选线时，应将保证导向孔孔壁稳定性作为首要目标，尽量避开水敏性地层与机械分散性地层等不利地层。设计穿越曲线时应优先通过地基反力系数较大的地层，尤其对于管土间存在较大相互作用力的区段，如造斜段。

(2) 垂直平面法、斜平面法与动态规划法是现有的三种穿越曲线设计方法，其中垂直平面法因设计的穿越曲线结构简单而得到广泛采用。将入土段、出土段长度最短或钻进台时数最小作为优化目标进行的穿越曲线优化设计，穿越曲线可缩短的长度在 1 m 量级，工程应用价值很小，穿越曲线优化设计的

优化目标应为减小回拖载荷、预防管道在回拖过程中失稳破坏。

（3）钻进导向孔直线段时不可避免存在弯曲，最佳扩径必须保证管道通过此直线段时不产生管道弯曲效应。然而，根据现有 HDD 技术条件得出的最佳扩径比过大，不利于导向孔孔壁的稳定性，采用本书预测模型求解不同扩径比下的回拖载荷预测值，扩径比影响回拖载荷的敏感区域与非敏感区域的分界点对应的数值应作为最优扩径比。

（4）纠偏长度是纠偏工艺的关键控制参数。根据本书回拖载荷预测模型中管道弯曲效应的分析方法计算不同纠偏长度对应的管土法向力，不会引起管土法向力骤增的最小长度为合理的纠偏长度。

（5）架空发送法与管沟发送法通过减小管道与地表面间的摩擦系数，可有效减小回拖载荷。算例分析表明，管道入土点拐角处存在较强的绞盘效应，可大幅提高回拖载荷。提出一种弱化管道入土点处绞盘效应的减阻技术——滚轴减阻技术，通过滚轴如气囊支撑入土点附近管段，将管土间的滑动摩擦转化为滚动摩擦，达到减小管土间摩擦系数的目的。

（6）泥浆压力是泥浆工艺应用中的关键控制参数，最小需要泥浆压力应满足泥浆携带钻屑的工艺要求，最大允许泥浆压力应根据土层剪切破坏准则，采用空穴膨胀理论计算。基于携带钻屑功能推导出的泥浆流量与钻进速度之间的函数关系式不适用于管道回拖阶段，管道回拖阶段泥浆泵量与回拖速率之间的函数关系式应从润滑减阻的角度进行分析，该函数关系式根据泥浆的马氏漏斗黏度与钻进液配方、泥浆密度之间的对应关系推导给出。

第9章 油气管道水平定向钻穿越工程案例

我国是一个幅员辽阔的国家，地质条件多种多样，在油气管网的建设过程中可能遇到复杂多变的穿越地层，尤其是不利于水平定向钻穿越施工的地质条件，会增大穿越失败的风险，故在穿越不同类型的地质条件时应有针对性地采取水平定向钻工艺措施。本章选取长距离粉细砂层、岩石层、以及水网地区三种地质条件下的水平定向钻穿越工程案例，在简要介绍工程背景与工程特点的基础上，针对不同地质条件分析穿越施工中的难点与应对技术措施，并采用本书提出的回拖载荷预测方法进行回拖载荷特性分析，为类似水平定向钻穿越工程提供参考。

9.1 长距离粉细砂层水平定向钻穿越工程

9.1.1 工程概述

某水平定向钻长江穿越工程从江南的南京栖霞区靖安镇三江口处穿越长江至江北仪征市青山镇南侧，通过组织技术专家研讨，以及设计方案的多次修改、优化，最终确定管道长江穿越采用四次水平定向钻穿越完成，分别为主河道穿越，支汊河穿越，北大堤穿越，南大堤穿越。南岸大堤穿越入土点设在两道堤间，出土点设在堤外；主河道穿越入土点设在乌鱼洲上，出土点设在长江两堤之间（见图9-1）；北大堤及长江支汊河穿越入土点没在长江北堤内，出土点分别设在长江北堤外和乌鱼洲上。主管线设计采用ϕ813 mm的直缝埋弧焊钢管，管线设计输送压力为6.3 MPa；与管道同时期、同地点穿越长江的还有ϕ114 mm的光缆套管。

图9-1　长江主河道穿越施工现场

为保证该控制性工程的工期，南岸大堤穿越、主河道穿越、北岸支汊河穿越和北岸大堤穿越四部分分别由四台钻机同时进行穿越施工。南岸大堤穿越、主河道穿越主要是在粉细砂层中穿过，北岸支汊河穿越和北岸大堤穿越主要是在粉细砂层和泥岩中穿过，穿越长江主河道长度为 1809.8 m，穿越南岸大堤长度为 471 m，穿越北岸支汊河长度为 924.11 m，穿越北岸大堤长度为 685.36 m，穿越泥岩长度为 643 m，穿越总长度为 3890.27 m。

因为该部分穿越断面既有岩石层又有软地层，穿越管径大，这对设备的技术能力、控向、泥浆、司钻技术和钻具都提出了极高的要求，穿越施工风险很大。该工程最大的难点是 1809.8 m 的主河道穿越，由于穿越距离长，穿越地层大部分为粉细砂层，局部有流沙和砾石分布，同时穿越管径达到 DN800。

9.1.2　工程特点

管道水平定向钻穿越技术不仅施工周期短、效益高、投资少，而且不影响道路、河流交通，有利于环境保护和管道的安全运行，免于管道的维护，是目前管道穿越首选的施工技术。由于穿越施工受地质条件、穿越长度、管径的制约，要求不仅有先进的穿越设备，而且有先进的施工技术和经验。所以它是一项高科技、高风险、高效益的管线施工技术项目。

水平定向钻穿越主要有导向孔、预扩孔、回拖三个阶段，与普通软地层水平定向钻穿越相比，大口径输气管道穿越长距离砂层具有以下特点：

（1）钻具要求高。

大口径输气管道穿越长距离砂层导向孔需要钻头、5″钻杆、6.625″高强度钻杆；预扩孔施工需要专用扩孔器，如图9-2所示。同时为降低穿越风险，导向孔、单次预扩孔的钻具寿命应达到中途不更换的标准。

图9-2　穿越工程中使用的扩孔器与钻杆

（2）施工工艺复杂。

①控向工艺复杂：一方面由于砂层中导向孔施工，地层的承载能力差，钻具旋转钻进过程中，倾角变化较大，同时长距离穿越，钻具不能有效地进行力量传递，增加了控向操作复杂程度。另一方面，大范围江面段施工时无法布设Trutrack地面信标系统（见图9-3），只能在微弱且不稳定的地球磁场作为参考的条件下钻进，降低了定向工具的精确度。再者，由于穿越管径大，为保证成品管的顺利回拖，对保持砂层导向孔圆滑的控向工艺提出了更高要求。

图9-3　Trutrack地面信标系统

②钻进工艺复杂：在砂层导向孔、预扩孔施工期间，卡钻的危险随时都有可能存在。

③泥浆工艺复杂：与普通软地层穿越相比，砂层穿越的泥浆需用量会成倍增长（增长量与砂层的长度及扩孔孔径有关），其原因是砂层中泥浆的漏失量将大大增加，同时在砂层中穿越，成孔困难，易塌孔，需要的泥浆流量和黏度

就相应增加。

（3）施工周期长。

根据砂层长度及扩孔孔径的不同，砂层穿越的施工周期是普通软地层穿越的 1.5～2 倍。

9.1.3 工程难点与应对技术措施

（1）工程难点。

由于此工程长江穿越主管线管径为 ϕ813 mm，穿越距离为 1809.8 m，据调研，该穿越工程属于大口径、长距离的大型穿越工程，尤其是长距离粉砂地层的穿越在国内尚属首例，穿越难度极大，同时也具有极大的挑战性，存在的主要技术难点如下：

①控向技术难点。

穿越距离长，控向精度要求高，江面频繁通航的船只对信号棒测量数据的采集将产生磁干扰，且大范围水域无法布置 Trutrack 地面信标系统，准确控向难度很大。

砂层中地层承载能力较差，在导向孔钻进施工过程中倾角变化较大，同时长距离穿越，钻具不能有效地进行力量传递，大大增加了准确控向的难度。

②泥浆技术难点。

长距离长江穿越出入土点附近软地层穿越要求泥浆的固壁性能要好，防止泥浆漏失和塌孔；砂层穿越要求泥浆的悬浮、携屑性能强，保证钻屑的顺利排出，对泥浆的性能要求很高。

砂层穿越施工各阶段均需要大排量的泥浆，对大量高性能泥浆的及时供应要求高。

③司钻及钻进工艺技术难点。

长江穿越存在软、砂层的结合，对从软地层到砂层的过渡穿越技术要求高。

长距离砂层穿越，尤其是长江主河道穿越，需要克服钻机扭矩大的难题，特别是在进行最后一次大口径预扩孔阶段（扩孔直径为穿越管径的 1.5 倍），对钻机能力和施工工艺提出了很高的要求。

长江穿越地质条件复杂，如何保证导向孔曲线的圆滑过渡是关键，以预防扩孔和回拖期间卡钻事故的发生。

砂层的承载能力较差，对出土侧钻头"抬头"时钻杆推力的传递影响较大，势必会造成"抬头"难的问题。

长江穿越需要钻头、钻杆、扩孔器等特殊钻具，而更换钻具的风险很大，并且尤其在砂层中很难找到原孔。

使用普通 5″S−135 等级的钻杆钻进 1500 m 以上的导向孔强度不够，主要表现为推力的传递受限制。

（2）应对技术措施。

针对长江定向穿越施工的特点，依据现有图纸资料，公司组织技术攻关组分析穿越技术难点，制定科学的施工方案，施工中采取了以下措施。

①钻机选择。

根据此长江水平定向钻穿越工程的地质条件、穿越长度和穿越管径，主河道穿越选用美国制造的 DD−1100 大型水平定向钻机进行穿越施工（见图 9−4），钻机最大推拉力为 500 t，最大扭矩力为 136 kN·m。支汊河穿越选用美国制造的 CMS55030 大型水平定向钻机进行穿越施工，钻机最大推拉力为 275 t，最大扭矩力为 80.7 kN·m。南岸大堤穿越选用 DDW1500 水平定向钻机进行穿越施工，钻机最大推拉力为 150 t。北岸大堤穿越选用国产 GY450×140 大型水平定向钻机进行穿越施工，钻机最大推拉力为 450 t。

图 9−4 DD−1100 大型水平定向钻钻机

②控向技术。

在开钻前利用信号棒和全站仪找出长江穿越中心线准确的大地磁方位角，以此为基准控制导向孔的左右偏差，以弥补因河面大范围水域无法布置 Trutrack 地面信标系统而可能产生的控向偏差。

钻导向孔使用 1.75°造斜短节，减小造斜角度，有利于导向孔曲线的圆滑过渡，预防扩孔和回拖期间卡钻事故的发生。

在入土侧和出土侧陆域，尽可能长地布置 Trutrack 地面信标系统，以精

确测量地下钻头的位置。

在砂层中穿越时，增加信号测量频率，每钻进 2～3 m 测量一次，以保证导向孔曲线符合设计曲线的要求。

③泥浆技术。

根据长江穿越地层条件的变化，采用复合泥浆配比技术，将水平定向钻膨润土按 8％～10％重量比加入淡水配出基浆，使用的主要泥浆添加剂有固壁剂、增粘剂、清屑剂和润滑剂等，保证泥浆性能符合穿越地层的要求。施工过程中泥浆性能调整要求如下：a. 普通软土层穿越段：控制泥浆的失水，防止塌孔，需增大固壁剂含量。b. 砂层：增加降滤失剂、胶凝强调和悬浮性提升剂用量，达到固孔和浮流粉砂、清洁孔道的目的，同时为保证钻屑携带和孔眼清洁，要及时提高清屑剂和润滑剂剂量，保证泥浆的流变性能良好，使钻屑顺利返出地面，同时增强泥浆的润滑性，减小钻具与地层的摩擦力。

为进一步保证长江穿越砂层穿越大流量泥浆的供应，现场应配备泥浆回收处理系统，使泥浆循环使用，以减轻现场配置大量泥浆的压力，同时可减少环境污染。

现场配备高压泥浆泵，泵送能力不小于 3 m³/min，以保证长距离长江穿越的泥浆压力和流量满足施工要求。

④司钻与钻进工艺。

针对长江穿越存在软、砂层结合的特点，从软地层到砂层的过渡穿越采用的施工方法为：首先放慢钻进速度，减小钻进推力（或拉力），调低钻机的旋转速度，待钻头（或扩孔器）进入砂层 1～1.5 m 后，再加大钻进推力（或拉力），调整钻机的旋转速度，防止速度过快造成钻进曲线偏离预定的目标。

选用大扭矩钻机，最大扭矩可达 136 kN·m；选用低扭矩的扩孔器，以克服大口径、长距离砂层穿越预扩孔扭矩大的难题。

由于粉砂不易被钻头切削及被泥浆携带至地表，就造成了钻机的扭矩和推力过大，致使钻杆弯曲。于是在钻杆两边加桩固定，防止钻杆弯曲，以增加力量，并增加了泥浆的排量及配比性。在对于方位角及倾角的难操控上，在保证与设计曲线相近似的前提下，采用了快速钻进，少顶推的方法，每根钻杆的倾角都提前上抬，当顶推不动时，就旋进，使得钻头向下自然施降在设计曲线范围内。

卡钻的预防措施：严格钻进工艺，精心组织施工，保证导向孔曲线的圆滑过渡，预防扩孔和回拖期间卡钻事故的发生；预扩孔阶段使用比上一级孔径小 1.5″～2″的中心扶正器；主管线最后一次扩孔完成后，用比回拖管径大、比成孔直径小的桶式扩孔器再清孔两次，最后用同直径桶式扩孔器进行回拖。

针对长江穿越的地层特点，在导向孔施工阶段，入土侧斜孔段采取下套管的施工方法，防止浅地层软土长时间受泥浆浸泡后塌陷堵孔，同时解决长距离穿越"抬头"难及钻机推力传递难的问题。下套管时控制好钻进速度和泥浆压力，保证将套管和钻杆间的钻削清理出来，保持导向孔的畅通。

9.1.4　工程施工应急预案

（1）导向孔钻进时卡钻应急预案。

①导向孔钻进过程中，钻头一旦卡钻，则表现为泥浆压力剧增，或伴随钻机扭矩瞬间增大（旋转钻进时），此时，钻机产生的扭矩无法克服砂层作用于钻具上的扭矩，钻头停止转动。

处理的方法有二种：一是当泥浆压力表显示的压差能保持在设计的最大压降范围内时，可立即停止钻杆的推进，改为往钻机方向拉钻杆，使钻头迅速离开作业面，降低泥浆的压差，然后用更慢的推力和推进速度钻进；二是当泥浆压力表显示的压差超过设计的最大压降范围时，应立即关停泥浆泵，停止泥浆的泵送，同时往钻机方向回撤钻杆。

②导向孔施工过程中，在更换钻具或其他特殊情况回抽钻杆时卡钻。主要原因是个别地段造斜过大，清孔不彻底，钻屑过量堆积引起"缩孔"，进而造成卡钻。

处理方法：首先应使钻机正常工作，有足够的泥浆往孔内泵送，此时钻杆切不可简单地继续往回拉，否则很容易将钻头卡死。应在泵送泥浆的前提下继续前进，耐心地进行清孔，同时调整钻头的倾角至首次钻进该地层时的倾角，停止钻杆的旋转并往回抽，注意控制好钻机的拉力，然后旋转钻杆前进、清孔，多次反复，直到顺利通过"缩孔"地段。

（2）砂层扩孔时卡钻应急预案。

可采用机械回拉扩孔器的办法解决扩孔卡钻问题，具体办法如下：

①机具、材料准备：在出土侧准备旋转接头1套、U型环1套、连接扩孔钻杆和旋转接头用短节1个，ϕ22 mm以上钢丝绳4根（等长），履带爬行设备（吊管机、推土机或挖掘机）2台以上。

②施工步骤：a.卡钻后钻机立即停止旋转；b.出土侧连接（扩孔钻杆＋短节＋旋转接头＋U型环＋钢丝绳＋履带设备）；c.多台设备同步回拉，同时钻机给予适当的推力，使扩孔器离开切削面；d.钻机恢复旋转；e.出土侧卸下应急钻具；f.继续扩孔。

③司钻手应随时密切关注扩孔扭矩的变化，防止卡钻后扭矩过大，损坏钻机旋转马达及钻杆丝扣。

（3）管道回拖受阻应急预案。

应根据受阻位置和实际情况区别对待。当管线回拖距离相对较短时，可采取往入土侧回拉的方式；当管线回拖至接近出土侧时，可采取往钻机侧助推的方式；当回拖管线位置处于中间段时，两个方向均可考虑。在软地层受阻时，用助推方式成功的概率较大，在砂层受阻时，尽可能考虑往出土侧回拉的方式，以免损坏防腐层甚至钢管。回拉或助推的方式有两种：

①机械设备操作方式：利用挖掘机、履带拖拉机、吊管机等爬行设备，先在回拖管道尾部的两侧对称地分别焊上一个拉环，再用钢丝绳连接协同钻机进行回拉或助推。此方式的优点是设备和卡具准备简单，操作平稳，与钻机的配合施工好；缺点是提供的推拉力有限。

②夯管锤操作方式：准备一套夯管锤，在回拖管道尾部安装事先加工好的卡具，利用夯管锤的瞬间、高频冲击力进行回拉或助推。此方式的优点是无须后背力，提供的冲击力很大，且其冲击力可调节，夯管锤可以和管线、钻杆等相连接，前进和后退方向均可调整，解决受阻问题的能力强；缺点是设备租用、运输，卡具加工等时间较长，与钻机的配合施工同步性较差，需精心策划、组织。

9.1.5　主河道穿越回拖载荷预测分析

采用本书提出的预测模型对长江穿越的设计方案进行回拖载荷预测分析。首先建立回拖载荷预测分析所需坐标系。由于设计穿越曲线结构为"斜直线段－曲线段－水平直线段－曲线段－斜直线段"型（见图9－5），而预测模型计算所需穿越曲线结构为折线结构，因此需将设计穿越曲线结构转换为折线结构，如图9－6所示。以出土点为坐标原点，在穿越曲线所在垂直平面内建立二维直角坐标系，各关键点坐标如图中所示。

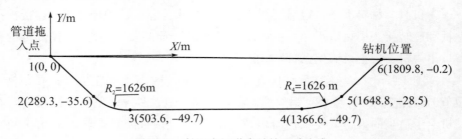

图9－5　长江主河道穿越的设计方案

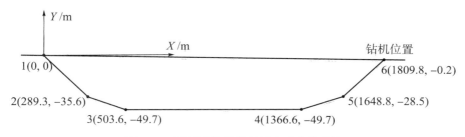

图 9-6 预测回拖载荷所用穿越曲线结构

回拖载荷预测中所需初始参数如表 9-1 所示。

表 9-1 回拖载荷预测所需初始参数

参数	单位	数值
管径 D_p	mm	813
壁厚 t	mm	15.9
孔径 D_b	mm	1219.5
管材密度 ρ_p	N/m³	78000
管材弹性模量 E	GPa	200
稠度系数 K	Pa·sⁿ	6.4366
流性指数 n	—	0.3063
泥浆流量 Q	L/min	380
泥浆密度 ρ_s	N/m³	12000
管道回拖速率 υ_p	m/s	0.026
管道与地表间摩擦系数 μ_g	—	0.2
管道与孔壁间摩擦系数 μ_b	—	0.3

根据上述穿越曲线结构与初始参数预测回拖载荷，计算结果如图 9-7 所示。通过与回拖载荷实测值的比较容易看出，预测结果与实际值有较好的一致性，最大回拖载荷出现于回拖终点处，约为 249 t。

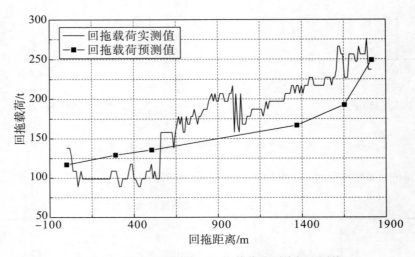

图 9-7　长江主河道穿越回拖载荷预测值与实测值

在影响回拖载荷的诸多因素中，现场可有效控制的因素包括管道与地表面间摩擦系数、扩径比（等于扩孔直径与管道直径的比值）、泥浆流量、管道回拖速率、泥浆流变性。基于表 9-1 给出的初始参数，单独变动各参数的取值考察对回拖载荷的影响规律，计算结果如图 9-8～图 9-13 所示。

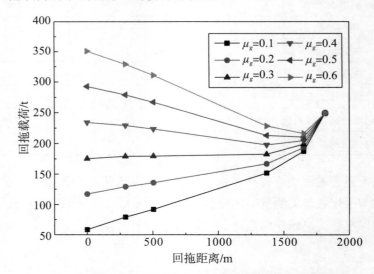

图 9-8　管道、地表间摩擦系数与回拖载荷的关系曲线

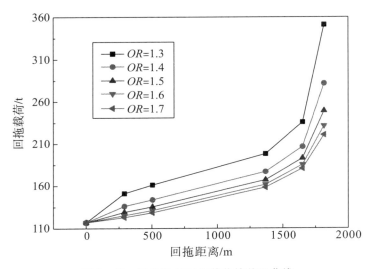

图 9−10 扩径比与回拖载荷的关系曲线

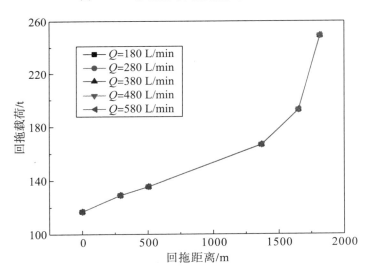

图 9−11 泥浆流量与回拖载荷的关系曲线

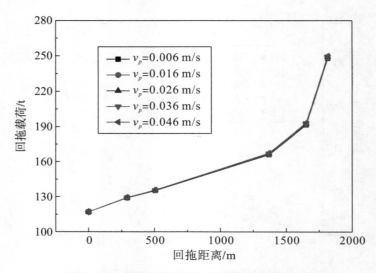

图 9−12　管道回拖速率与回拖载荷的关系曲线

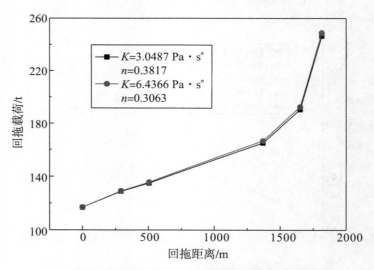

图 9−13　泥浆流变性与回拖载荷的关系曲线

　　从图中可以看出，泥浆流量、管道回拖速率、泥浆流变性对回拖载荷的影响较小，在工程中可根据其他工艺要求确定其合理取值。管道与地表间摩擦系数、扩径比对回拖载荷影响较大，前者的取值受减阻措施影响很大，根据不同施工措施取值范围在 0.1~0.8 之间。根据图 9−10，增大扩径比可有效减小回拖载荷值，但并非越大越好，实际工程中扩径比的选取对导向孔稳定性有重要影响，扩径比过大容易出现孔壁坍塌，急剧增大回拖载荷，因此应合理确定扩径比的取值。

9.1.6 小结

长江主河道穿越于 2009 年 2 月开始钻机场地的准备工作，进行了场地排水、清淤、回填、场地铺垫、码头修筑、设备就位调试等工作，于 3 月中旬具备了开钻条件。先行施工的主管穿越于 2009 年 3 月 18 日开钻，3 月 22 日完成导向孔，4 月 12 日完成预扩孔作业，4 月 14 日完成回拖，历时 28 天，其间经历了超长距离导向孔在出土侧"抬头"难及扩孔器磨损严重的险情。

该长江穿越工程的成功实施，打通了某管道工程的一个"瓶颈"，为保证该工程的顺利投产打下了坚实的基础，能够起到提高企业效益和整体竞争力，满足地区经济发展需要的巨大作用；同时也标志着水平定向钻穿越施工技术又有了一个新的飞跃。通过本次工程得出了以下结论：

（1）砂层承载能力较差，实施水平定向钻穿越时钻孔轨迹的控制难度高，应加大控向检测频率，确保钻进轨迹符合设计曲线。

（2）水平定向钻穿越砂层时，导向孔孔壁的稳定性差，容易出现孔壁坍塌事故，泥浆配制中应增大固壁剂用量，提高孔壁稳定性，此外，还应增大降失水剂用量并确保充足的泥浆泵泵量，维持良好的泥浆流变性以清理导向孔中钻屑。

（3）采用预测模型对主河道穿越进行了回拖载荷预测分析，预测结果表明所用钻机有足够推拉能力完成管道回拖，结果还表明在现场可有效控制的工艺参数中，管道与地表间摩擦系数、扩径比对回拖载荷有重要影响，施工中应针对此两项参数制定减阻工艺。

（4）该长江水平定向钻穿越，创管道长江穿越历史上距离最长、管径最大两项新纪录，获第 14 批中国企业新纪录。

9.2 长距离岩石层水平定向钻穿越工程

9.2.1 工程概况

（1）工程简介。

位于某天然气管线上的九江长江穿越工程分为长江水平定向钻穿越和管线爬大堤两部分。长江水平定向钻穿越工程主管线设计采用 ϕ508 mm 钢管，配套光缆套管采用 ϕ121 mm 镀锌钢管，主管线和光缆套管平行敷设穿越长江，二者相距 10 m，穿越水平长度为 2191 m，实长为 2199.1 m，光缆套管穿越纵断面曲线与主管线相同。爬大堤管线设计采用 ϕ508 mm 钢管，配套光缆套管采用 ϕ114 镀锌钢管，主管线和光缆套管平行敷设，二者相距 10 m。

九江长江穿越入土点位于江西省九江市金鸡坡油库东侧约 100 m 长江漫滩上，出土侧位于湖北省黄梅县小池镇境内，穿越段江面总宽约为 2000 m。两岸出入土点的位置高程分别为北岸 16.9 m 左右，南岸 16.7 m 左右。北岸附近农田广布，南岸漫滩有多处趸船及浮码头，堤外伴行管廊带，以南相邻九江滨江东路。北岸相对于南岸有更大的场地，利于出土后回拖管线的运输及安装，因而作为出土点，如图 9－14、图 9－15 所示。南岸作为钻机施工场地，为入土点。

图 9－14　钻头在长江北岸顺利出土

图 9－15　长江北岸回拖管道预制现场

（2）工程地质。

管道穿越中心轴线从入土到出土穿越地层依次为：

①南岸入土斜穿粉质黏土，穿过较薄粉圆砾（10 m），进入中等风化砾岩（约410 m，岩石饱和单轴抗压强度为：14.3~16.1 MPa，平均值15.1 MPa），在该层弹敷到达河床底部水平段。其中弹敷段上侧方遇到狭长充填溶洞，溶洞内充填软塑状粉质黏土及灰岩、硅质岩圆砾，溶洞南端距管道最近，净距约2.2 m。

②水平段从中等风化砾岩穿过中等风化泥质粉砂岩层（约1430 m，岩石饱和单轴抗压强度为12.56~26.60 MPa，平均值18.94 MPa，岩石干燥单轴抗压强度为27.40~51.84 MPa，平均值30.00 MPa），直到在该层中开始弹敷上扬。河床最深处标高−9.0 m，水平段管底设计标高−30.7 m，埋深21.7 m。河床最浅处标高6.3 m，埋深37.0 m。

③在中等风化泥质粉砂岩层上扬，穿过较厚细砂层，再穿过一粉砂夹层，最后穿出顶层粉质黏土，在北岸出土。

本次穿越管线主要经过中等风化砾岩层（约410 m）和中等风化泥质粉砂岩（约1430 m），穿越岩石层总长度为1840 m。

（3）穿越工程的主要技术参数。

根据相关标准规范，结合九江穿越的具体条件制定穿越工程的相关技术参数，如表9−2所示。

表9−2 九江长江水平定向钻穿越工程技术参数

序号	项目	内容
1	穿越管径	主管线为 ϕ508 mm，光缆套管为 ϕ121 mm
2	穿越水平长度	2191m，实长 2199.1 m
3	入土角	16°00″
4	出土角	7°00″
5	管材	主管线为钢管；光缆套管镀锌钢管
6	穿越管线曲率半径	$Re=762$m
7	管线焊接	主管线采用半自动流水焊接，焊条选用 AWS E6010、E8010−P1、E8018−G、E5515 纤维素焊条
8	探伤	主管线焊口进行 100%射线探伤和 100%超声波探伤
9	管线防腐	主管线外防腐采用三层 PE
10	防腐补口	主管线防腐补口采用水平定向钻专用热收缩套（带）
11	清管扫线	采用橡胶清管球

序号	项目	内容
12	试 压	强度试验压力为 12 MPa，严密性试验压力为 8 MPa

9.2.2 工程特点

九江长江水平定向钻穿越管道主要在中等风化泥质粉砂岩和中等风化砾岩层中穿越，两侧穿越点附近浅地层主要是粉质黏土、细砂、粉砂、圆砾，地质条件复杂。九江长江穿越管径为 ϕ508 mm、ϕ121 mm，穿越距离为 2191 m，如此大口径、长距离岩石穿越在国内外罕见，穿越难度很大，同时也具有极大的挑战性。

（1）钻具要求高。

大口径管道穿越由岩石层（局部夹含卵石层）、砂层等组成的复杂地质层，导向孔需要岩石钻头、大排量泥浆马达；预扩孔施工需要专用岩石扩孔器。同时为降低穿越风险，导向孔、单次预扩孔的钻具寿命应达到中途不更换的标准，如图 9-16 所示。

图 9-16　长江北岸出土侧钻具连接作业

（2）施工工艺复杂。

控向工艺：一方面由于采用泥浆马达进行导向孔施工，为避免磁场干扰，控向信号源离钻头的距离要比在普通软地层施工时长 15～16 m，换句话说，每次测量钻头方位的数据要比实际钻头位置的滞后量增加 15～16 m，加长了控向作业盲区，增加了控向复杂程度。另一方面，江面频繁通航的船只对信号棒测量数据的采集将产生磁干扰，且大范围水域无法布置 Trutrack 地面信标系统，准确控向难度很大，对控向作业干扰很大，降低了定向工具的精确度。还由于穿越地层有 10 m 的卵石层、近 1850 m 的岩石层，外加出土侧有超过 300 m 的粉细砂、黏土层，穿越入土侧前方 100 m 处穿越中心线上方存在溶洞，导向钻具在此地层中易跑偏，导向作业极为困难，水平定向钻穿越施工不适合在卵石中穿越，再者，由于在岩石层中扩孔器的修孔能力很差，为保证成品管的顺利回拖，对保持岩石层导向孔圆滑的控向工艺提出了更高的要求。

钻进工艺：尤其是软土层与卵石层、卵石层与岩石层、软岩层与硬岩层结合部位对钻进工艺要求高，司钻手需密切关注地层变化可能对钻具造成的影响，任何小的失误都随时会对整个工程造成灾难性的后果。同时，在卵石层、岩石层导向孔、预扩孔施工期间，卡钻的危险随时都有可能存在。加上穿越出入土点均位于长江江滩，且距离水边距离分别仅 192 m 和 86 m，因此对钻进工艺提出了更高要求。

泥浆工艺：与普通软地层穿越相比，卵石层、岩石层穿越的泥浆需用量会成倍增长（增长量与岩石硬度、泥浆马达的功率有关），其原因是需要大排量的泥浆驱动泥浆马达工作，从而带动钻头切削卵石、岩石，岩石硬度越大，钻头需要切削卵石、岩石的扭矩就越高，需要的泥浆排量就越大。

（3）施工周期长。

根据岩石含量、卵石大小、岩石硬度的不同，在这种长距离复杂地层中穿越的施工周期是普通软地层穿越的 4～6 倍。

（4）施工成本高。

在由卵石层、岩石层等构成的长距离复杂地质中穿越，钻具配置高，施工周期长，泥浆等消耗的材料用量大，相应的施工成本较高。

9.2.3 工程难点与应对技术措施

（1）工程难点。

①控向技术。

穿越距离长达 2191 m，控向精度要求高，江面频繁通航的船只对信号棒测量数据的采集将产生磁干扰，且大范围水域无法布置 Trutrack 地面信标系统，准确控向难度很大。岩石层导向孔穿越必须使用泥浆马达，钻头至信号棒间距离将加长 15～16 m，进一步加大了准确控向的难度。

②泥浆工艺。

长距离九江长江穿越出入土点附近软地层穿越要求泥浆的固壁性能要好，以防止泥浆漏失和塌孔；岩石层穿越要求泥浆的悬浮、携屑性能强，保证钻屑

的顺利排出，对泥浆的性能要求很高。九江岩石层穿越施工各阶段均需要大排量的泥浆，对大量高性能泥浆的及时供应要求高。

③司钻及钻进工艺。

九江长江穿越存在软、硬地层的结合，对从软地层到岩石层、从软岩到硬岩的过渡穿越技术要求高。

长距离岩石穿越需要克服钻机扭矩大的难题，特别是在进行最后一次大口径预扩孔阶段（扩孔直径为穿越管径的 1.5 倍，762 mm）时，对钻机能力和施工工艺提出了很高的要求。

九江长江穿越地质条件复杂，长距离岩石层穿越在预扩孔阶段的修孔能力差，如何保证导向孔曲线的圆滑过渡是关键，以预防扩孔和回拖期间卡钻事故的发生。

入土侧软地层的承载能力较低，对出土侧钻头"抬头"时钻杆推力的传递影响较大，势必会造成"抬头"难的问题。

④此次穿越入土角达到了史无前例的 16°（水平定向钻穿越入土角一般选择 8°~12°），对长距离钻杆推、扭力的传递，导孔控向的准确性，预扩孔以及主管回拖将造成很大的困难。

⑤穿越入土侧前方 100 m 处穿越中心线上方约 2.2 m 存在溶洞，在此地段钻进操作一旦出现导向失误或者勘探不准确，将极可能导致整个导向孔报废。

（2）应对技术措施。

①针对九江长江穿越均存在软、硬地层的结合的特点，从软地层到岩石层、从软岩到硬岩的过渡穿越采用的施工方法为：首先放慢钻进速度，减小钻进推力（或拉力），调低钻机的旋转速度，待钻头（或扩孔器）进入硬地层 1~1.5 m 后，再加大钻进推力（或拉力），调整钻机的旋转速度，防止速度过快造成钻进曲线偏离预定的目标。

②选用大扭矩的 DD-1100 型钻机，最大扭矩可达 132 kN·m；选用低扭矩的对开式岩石扩孔器，并增加牙轮数量，以克服长距离、大口径预扩孔扭矩大的难题。

③卡钻的预防措施：严格钻进工艺，精心组织施工，保证导向孔曲线的圆滑过渡，预防扩孔和回拖期间卡钻事故的发生；预扩孔阶段使用比上一级孔径小 1.5″~2″ 的中心扶正器；主管线最后一次扩孔完成后，用比回拖管径大、比成孔直径小的桶式挤扩器（24″）再清孔一次，最后用同直径（24″）的桶式扩孔器进行回拖。

④针对九江长江穿越的地层特点，在导向孔施工阶段，入土侧斜孔段软地层采取下套管（ϕ377 mm、ϕ273 mm无缝钢管）的施工方法，套管下到岩石层直到无法继续推进为止（钻机推力与同一位置导孔时接近），并与设计图纸上数据吻合。采取下双层套管的方式（见图9-17），一方面防止江滩近水边浅地层软土长时间受泥浆浸泡后塌陷堵孔，另一方面有利于长距离穿越钻杆推力的有效传递，解决了出土侧"抬头"难的问题。下套管时应控制好钻进速度和泥浆压力，保证将套管和钻杆间的钻屑清理出来，保持导向孔的通畅。

图9-17　二次套管焊接作业

⑤针对此次16°入土角穿越，采用了下双层套管施工以保证长距离钻杆推、扭力的传递，同时通过准确测量和提高导孔控向的准确性，以及保证司钻预扩孔及回拖时操作的平稳，使问题得以解决。同时在主管和光缆套管穿越中均一次性成功躲避穿越中心线附近的溶洞，穿越曲线严格达到设计要求。

⑥九江长江穿越需要岩石钻头、泥浆马达、岩石扩孔器等特殊钻具，根据穿越长度、管径、地质条件及现有钻具状况，专门从美国购进了两套岩石扩孔器、泥浆马达和一批6.625″的高强度钻杆，以满足此次大口径、长距离岩石层水平定向钻穿越的对钻具的特殊要求。

9.2.4　套管施工技术

由于九江长江穿越距离长，为保证穿越导向孔钻进工程的顺利进行，避免或减少钻杆在传递推力时在钻孔内产生"蛇行"弯曲、不能有效传递推力、钻进方向不易控制等不利因素，在钻机侧沿钻进方向的钻杆上加装部分套管，套管借助钻机的动力由穿越机通过推力、扭力的作用，将套管下到预定的位置。

套管选择的内径尺寸大于钻杆接头的外径，并有一定的空间，使泥浆可以形成回流，且钻头等钻具能方便地抽回检查和更换，因此采用下双层套管 ϕ377 mm、ϕ273 mm 无缝钢管，下套管长度在 50~60 m。同时要求套管具有足够的强度。

套管用吊车将其吊装到位后，进行组对、焊接，从而在钻杆外面形成了一个有效的保护套管。

（1）施工准备与人员组织。

施工设备与用料见表 9-3，人员组织见表 9-4。

表 9-3 施工设备与用料一览表

序号	名称规格	数量	序号	名称规格	数量
1	穿越机 DD1100	1 套	1	ϕ377 mm 套管	60 米
2	泥浆系统	1 套	2	ϕ273 mm 套管	60 米
3	25 t 吊车	1 辆	3	套管铣头	2 套
4	米勒电焊机	2 台	4	钻机钻铤连接头	2 套
5	320 kW 发电机组	1 套	5	焊 条	100 公斤
6	切管机（氧气切割）	1 套	6	泥 浆	400 立方米
7	6.625″钻杆	1100 米	7	燃料油	3000 公升
8	5″钻杆	1250 米			

表 9-4 穿越工程人员组织

序号	人员	数量	序号	人员	数量
1	现场负责人	1 人	7	泥浆工	6 人
2	技术人员	2 人	8	发电工	2 人
3	安全员	2 人	9	电气焊工	4 人
4	控 向	2 人	10	钳 工	2 人
5	司 钻	2 人	11	吊车司机	2 人
6	钻 工	4 人	12	共 计	29 人

（2）工艺流程（图 9-18）。

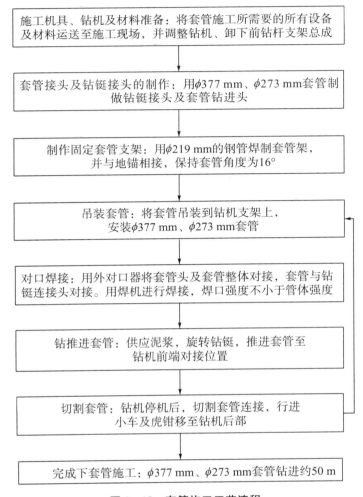

施工机具、钻机及材料准备：将套管施工所需要的所有设备及材料运送至施工现场，并调整钻机、卸下前钻杆支架总成

套管接头及钻铤接头的制作：用 ϕ377 mm、ϕ273 mm 套管制做钻铤接头及套管钻进头

制作固定套管支架：用 ϕ219 mm 的钢管焊制套管架，并与地锚相接，保持套管角度为 16°

吊装套管：将套管吊装到钻机支架上，安装 ϕ377 mm、ϕ273 mm 套管

对口焊接：用外对口器将套管头及套管整体对接，套管与钻铤连接头对接。用焊机进行焊接，焊口强度不小于管体强度

钻推进套管：供应泥浆，旋转钻铤，推进套管至钻机前端对接位置

切割套管：钻机停机后，切割套管连接，行进小车及虎钳移至钻机后部

完成下套管施工：ϕ377 mm、ϕ273 mm 套管钻进约 50 m

图 9-18　套管施工工艺流程

（3）施工步骤。

①DD-1100 钻机的调整与钻具的准备。

A. 钻机进行全面的保养检查，确保钻机各部性能处于良好状态。

B. 测试导向孔内钻杆的阻力：推拉力小于 50 t。

C. 在前虎钳前侧面安装套管定位架，用两根 ϕ219 mm、长 11 m 的钢管、一根 ϕ219 mm、长 3 m 的钢管做横管制作套管架，并与地锚相接，保持套管角度为 10°。

D. 拆卸钻杆前调整支架，拆卸时应注意液压管线的保护（装卸前，应先

将钻杆移至钻机前端 1.5 m)。

E. 重新调整钻机的倾角，钻机的倾角应与钻杆的入土角一致。

②钻杆的定位与保护。

A. 安装套管前应将已钻进的钻杆进行定位，在钻机上不允许留有钻杆，所留钻杆的端部离钻机的距离应保持 1.5 m 以上。

B. 用前虎钳卸松钻杆接头，将所需保留的钻杆推进到规定的距离，然后卸下附加钻杆。

C. 在导向孔里所保留钻杆的端部应加装信号线固定装置，同时加装钻杆护帽，对钻杆进行防护。

③套管钻头的制作。

套管钻头必须有一定的强度，确保套管在穿越所经地层的钻进，套管钻头采用 ϕ377 mm、ϕ273 mm 套管制作，外刀齿必须保证泥浆从套管外侧回流，外刀齿外径大于套管 50~60 mm，刀齿长度为 300 mm。

④套管与钻铤连接头的制作。

套管与钻铤连接头为 ϕ377 mm、ϕ273 mm 套管与钻铤焊接而成。

⑤套管支撑架的制作与安装就位。

套管支撑架主要是保持套管的倾角，同时在导向孔钻进过程中保证套管的支撑，并能承受套管所传递的推力和扭力。

⑥套管的吊装就位（见图 9-19）。

图 9-19 套管的吊装就位

套管应用吊带进行捆绑吊装，有专人进行指挥，注意吊装及施工人员安全，同时防止碰撞、损坏钻机。

⑦套管的焊接（见图9-20）。

图9-20 套管的焊接

套管焊接时，应对管口进行切割、修坡口、打磨、清理等处理，保证套管的直线度，焊口焊接强度不低于管材的强度。焊接时，用石棉布对套管切割、焊接的钻机部件进行保护，避免烧、烫坏钻机部件。

⑧套管的钻进（见图9-21）。

图9-21 套管的钻进

套管钻进时，应保持扭矩、推力稳定，保持泥浆回流，司钻的操作可参照穿越规程进行，每钻进一根套管应对钻杆进行一次检查，并对钻进的套管等技

术数据进行记录。每钻进一根套管前，切割套管与钻铤连接头连接，上装套管时，再用外对口器将套管头及套管整体对接，套管与钻铤连接头对接。

⑨套管泥浆回流孔内的钻杆与套管的润滑。

套管钻进结束后，应在距入土点下 40 cm 的套管处，切割 260×260 mm 的泥浆回流孔，也可将新鲜泥浆通过此孔灌入套管，使钻杆钻进时能得到充分的润滑。

⑩套管的抽回。

回拉套管应在导向孔完成后进行，抽取时必须先安装套管回拖接头，然后用钻机行走小车抽拉套管。回拉套管时，必须保证各连接部件的强度。每回抽一根套管后，切割套管与钻铤连接头连接、套管头与套管整体连接，再用外对口器将钻铤连接头与套管整体焊接对接，再回抽下一根套管。

（4）安全注意事项。

①对参与套管安装的人员进行技术培训，熟悉套管安装操作步骤，分工负责，明确责任。

②套管吊装必须注意安全，有专人指挥、专人吊装；套管对口、焊接有专人负责，焊口强度不低于套管强度。

③司钻在操作钻机下套管时，要随时观察钻机及套管的情况，根据钻机扭矩、推力大小的变化，对操作进行必要的调整，避免套管和钻机损坏。

④钻机及套管周围非施工人员不得靠近，施工人员必须有安全帽等必要的安全防护装置。

9.2.5 施工期间大堤保护与防洪应急预案

（1）大堤保护措施。

九江穿越工程的管道必须穿越东荆河大堤，而大堤是极其重要的防洪构筑物，因此为保证本工程施工时有效保护大堤，特制定如下施工措施：

①严格在批准的施工区域和允许动土的区域内进行施工。非批准区域之外决不动用。

②为了切实保护好堤面与堤护坡，在穿越管线一侧的堤坡修筑施工便道，施工便道应与堤面平顺连接，便于在堤上与堤下之间安全往返通行。

③保证开挖后大堤交通畅通安全，在开挖后铺设枕木管排，并用角铁焊接防护栏杆，设立警示标志。

（2）防洪应急预案。

为保证大堤的安全和穿越管线的顺利进行，特制定管线施工期间防洪预案。

①施工点应急物资的保障。

为保证施工期间大堤的安全，现场 24 小时有人值班，发现有险情时，立即通知当地河道管理部门并通知所有人员到位。现场准备应急车辆 2 台、应急发电机 1 台、应急照明碘钨灯 4 个、手电筒 8 个，破堤现场准备编织袋 1000 只、铁锹 20 把、桩径≥100 mm 的木桩 20 根、细黏土 100 m³、彩条布 500 m²，以满足临时抢险需要。

②主要应急措施。

A. 险情监测和巡视。

施工期间必须加强水、雨情的观测，做好施工期间对施工段大堤巡查力度，发现险情及时向大堤主管部门汇报，采取有效措施排除险情。

B. 工程应急抢险措施。

若发现大堤发生险情时，由堤防主管部门安排抢险方案，服从防汛部门的统一指挥，应急抢险队具体负责抢险部位的抢险工作。

C. 施工造成防洪大堤常见的险情及抢护方法如下：

a. 漏洞险情的抢护。

查找漏洞水口的方法：查看漩涡、水下探摸。具体抢护方法：软帘盖堵、软楔堵塞、抛填黏土。所需抢险物料：棉絮、草捆、麻袋、泥土、砂石等。

b. 渗水险情的抢护方法：开沟导渗、反滤导渗。所需抢险物料：编织袋、草袋、麻袋、砂石等。

c. 裂缝险情抢护方法：横墙隔断、纵缝处理。

9.2.6　九江穿越回拖载荷预测分析

与 9.1 节中回拖载荷预测的分析步骤相同，采用预测模型对九江穿越进行回拖载荷预测。图 9—22、图 9—23 分别为九江穿越工程的实际穿越曲线与预测分析所用穿越曲线。以出土点为坐标原点，在穿越曲线所在垂直平面内建立二维直角坐标系，各关键点坐标如图中所示。回拖载荷预测所需工程参数如表 9—5 所示。

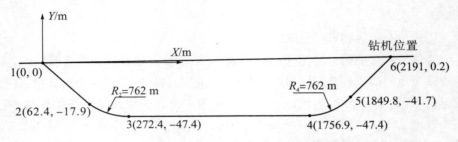

图9－22　九江水平定向钻穿越工程穿越曲线设计方案

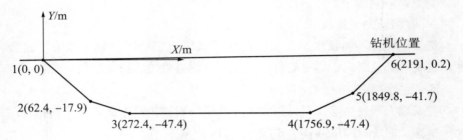

图9－23　预测回拖载荷所用穿越曲线结构

表9－5　回拖载荷预测所需初始参数

参数	单位	数值
管径 D_p	mm	508
壁厚 t	mm	11.9
孔径 D_b	mm	762
管材密度 ρ_p	N/m³	78000
管材弹性模量 E	GPa	200
稠度系数 K	Pa·s^n	6.4366
流性指数 n	—	0.3063
泥浆流量 Q	L/min	265
泥浆密度 ρ_s	N/m³	12000
管道回拖速率 v_p	m/s	0.052
管道与地表间摩擦系数 μ_g	—	0.3
管道与孔壁间摩擦系数 μ_b	—	0.2

　　根据上述穿越曲线结构与工程参数预测回拖过程中的回拖载荷，结果如图9－24所示。从图中可以看出，预测结果与回拖载荷实测值有较好的一致性，

预测最大回拖载荷约为 148 t，出现于回拖初始阶段。

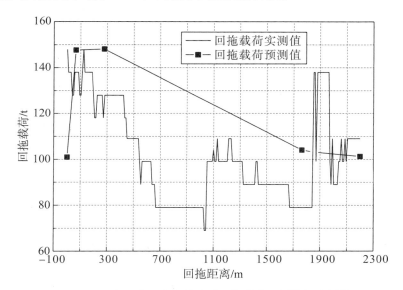

图 9-24　九江水平定向钻穿越回拖载荷预测值与实测值

　　对比长江主河道穿越与九江穿越的回拖载荷实测值，后者的波动幅度明显高于前者，尤其在回拖距离约 1800 m 处，回拖载荷突然增大近 60 t。该现象可能为导向孔中钻屑堆积所致，回拖过程中钻杆承受的拉力明显高于导向孔钻进与扩孔阶段，在弯曲段对导向孔孔壁有明显的"啃边"现象，且钻杆连接头处的直径大于钻杆直径，可促进钻柱"啃边"，由于回拖过程中多数时间内泥浆通过管道与导向孔之间的环形空间流出，钻柱"啃边"产生的钻屑将在钻柱与导向孔之间的环形空间中堆积，管道通过钻屑堆积处时回拖载荷将明显增大。观察九江穿越的回拖载荷，1800 m 处恰巧位于管道出土侧的弯曲段，而随后回拖载荷的回落也可佐证这一论点，对比长江主河道穿越，回拖载荷在出土侧曲线段（回拖距离约 1370~1650 m）处并未出现大幅增长，这是由于该次回拖中，♯47~♯24 钻杆（对应回拖距离 1379~1598 m）的回拖速率明显降低，单根钻杆的回拖时间由 7 分钟左右延长至 25 分钟左右，使得弯曲段堆积的钻屑有充分时间被泥浆携带走，故而没有出现回拖载荷急剧增大的现象。

　　在影响回拖载荷的诸多因素中，现场可有效控制的因素包括管道与地表面间摩擦系数、扩径比（等于扩孔直径与管道直径的比值）、泥浆流量、管道回拖速率、泥浆流变性。基于表 9-5 给出的初始参数，单独变动各参数的取值考察对回拖载荷的影响规律，计算结果如图 9-25~9-29 所示。

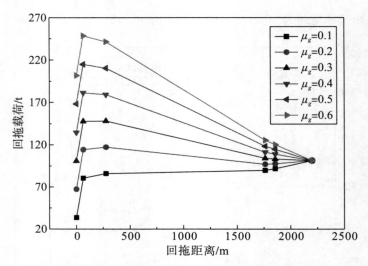

图 9-25　管道、地表间摩擦系数与回拖载荷的关系曲线

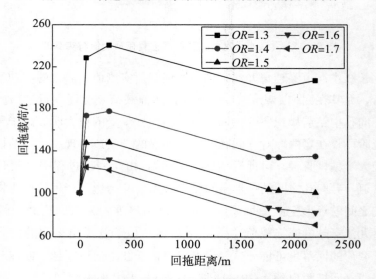

图 9-26　扩径比与回拖载荷的关系曲线

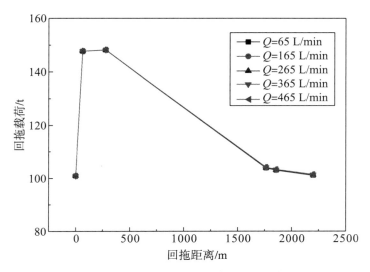

图 9－27　泥浆流量与回拖载荷的关系曲线

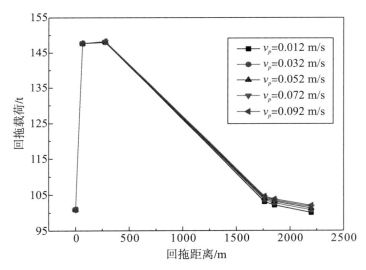

图 9－28　管道回拖速率与回拖载荷的关系曲线

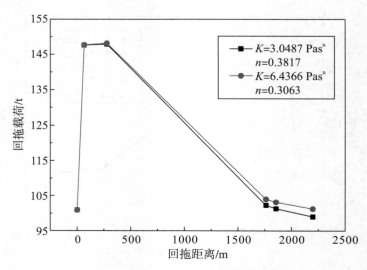

图 9－29 泥浆流变性与回拖载荷的关系曲线

从图中可以看出，泥浆流量、管道回拖速率、泥浆流变性对回拖载荷的影响较小，在工程中可根据其他工艺要求确定其合理取值。管道与地表间摩擦系数、扩径比对回拖载荷影响较大，前者的取值受减阻措施影响很大，根据不同施工措施取值范围在 0.1～0.8 之间。根据图 9－26，增大扩径比可有效减小回拖载荷值，但并非越大越好，实际工程中扩径比的选取对导向孔稳定性有重要影响，扩径比过大容易出现孔壁坍塌，急剧增大回拖载荷，因此应合理确定扩径比的取值。

9.2.7 工程效果

在整个穿越施工中，九江长江穿越在含卵石层、中等风化砾岩层、中等风化泥质粉砂岩、粉细砂等复杂地质条件下进行水平定向钻穿越风险极大，难度极高。但经过紧张而科学地施工，九江长江穿越赶在 2010 年春节前一举成功，打通了该天然气管道工程的"瓶颈"；创下了 508 mm 管径水平定向钻穿越长江岩石层距离最长的国内记录，同时打破了 2005 年仪长原油管道九江长江穿越工程中创造的 1780 m 的岩石层穿越纪录。该项工程的成功经验推广应用的价值较高，对大口径、长距离岩石等复杂地质条件的水平定向钻穿越施工有很好的指导作用。总之，科学的方案、合理的施工安排、严谨的现场管理是取得成功的重要保障。

9.3 水网地段水平定向钻穿越泥浆固化技术

9.3.1 项目背景与试验目的

（1）项目背景。

近年来应国内长输管道建设的需要，水平定向钻穿越以其独特的技术优势，已成为管道穿越江河、湖泊、铁路、公路、大型构筑物等障碍物的首选方式，应用范围逐年扩大，穿越技术发展很快，穿越纪录不断被打破，但穿越大口径管道、穿越成孔性差的砂石、卵石、砾石等非胶结性地层成孔难和废弃泥浆处理的问题一直无法得到有效解决，复杂地质条件下的泥浆配制技术成为了定向穿越的技术瓶颈。解决这一技术问题，将对拓展我国管道水平定向钻穿越应用领域产生深远影响。

（2）试验目的。

①通过向普通水平定向钻穿越用泥浆中添加各种添加剂，提高泥浆的触变性，即在高剪切速率下，泥浆具有较小黏度，利于泥浆泵送、增强冲刷力、润滑冷却钻具；当泥浆进入导向孔中，剪切速率减小时，泥浆黏度迅速提高，利于携带钻屑、稳定孔壁。

②调节各种添加剂的使用量，检测混合泥浆的固化时间（初、终凝时间）与胶凝强度，寻求可在较大范围内任意调节性能参数的泥浆配方，以满足水平定向钻穿越施工的要求。

9.3.2 泥浆在水平定向钻穿越中的作用

（1）泥浆功用。

泥浆是钻井的血液，也是水平定向钻穿越的血液。在水平定向钻穿越过程中，泥浆的功用可以概括成一句话：减少和防止各种复杂情况的发生，有利于高速优质地完成水平定向钻穿越。具体功用如下：

①悬浮和携带泥（岩）屑。

这是泥浆的基本功用之一，就是把被钻头或扩孔器破碎的泥（岩）屑带出孔道，保持孔道清洁，以利于管道回拖。当接单根或临时停止供浆时，泥浆又能把孔道内的泥（岩）屑悬浮在泥浆中，不致很快离析、下沉，保证扩孔器在孔内始终接触和破碎新地层，提高扩孔效率。这就要求泥浆具有适当的黏度、剪切力等流变性能。

②润滑和冷却钻具。

在导向孔钻进和预扩孔过程中，钻头和扩孔器以 50 rpm 的速度旋转破碎泥（岩）层，产生一定的热量。钻杆不停地与孔壁摩擦，也产生一定的热量，而这些热量很难通过泥（岩）层及时散发出去。泥浆通过钻杆、钻头或扩孔器，再从孔道中流出，可以吸收这些热量，并将这些热量带到孔外，释放到大气中，从而起到了冷却钻具，延长使用寿命的功用。而且，钻具在泥浆环境中旋转，降低了摩擦阻力，有一定的润滑性。

③稳定孔壁。

孔壁是否稳定和规则在一定程度上讲是水平定向钻穿越是否成功的决定性因素，是高速优质进行水平定向钻穿越的重要基础条件。良好的泥浆应能借助于泥浆中水的滤失在孔壁上形成一层很好的泥饼，以巩固地层并减少或阻止泥浆的渗漏。基于这个目的，根据穿越地质的不同，水平定向钻泥浆一般应加入适量的防塌剂。

④软化和辅助破碎岩土。

泥浆高速射流冲击孔道的前端，帮助钻头或扩孔器破碎岩土，提高钻进或扩孔速度。

⑤传递动力。

在较硬地层中使用涡轮钻具进行水平定向钻穿越时，泥浆在钻杆内以较高的流速经过涡轮叶片，使涡轮旋转带动钻头或扩孔器破碎岩土。

⑥了解地层。

对返出地面的泥浆进行分析，可以了解穿越地层的岩性，适时调整泥浆性能。

（2）泥浆性能对水平定向钻穿越的影响。

水平定向钻穿越采用的泥浆是均相分散体系，是由清水＋优质黏土（膨润土）＋处理剂（若需要）或清水＋少量聚合物＋处理剂（若需要）经搅拌而成的混合物。对它的基本要求是具有良好的稳定性和流变性。

泥浆的稳定性包括沉降稳定性和聚结稳定性（絮凝稳定性）。两者是相互联系的。

只有保持泥浆的聚结稳定性，使小颗粒不聚结成大颗粒，进而保持泥浆的沉降稳定性，泥浆才不至于因聚结而下沉，才能保持真正的均相分散。

泥浆的流变性是指泥浆流动和变形的特性。其主要表现形式为黏稠性，主要性能指标为黏度和动切力。

泥浆把钻屑从孔内携至地表或在孔中悬浮钻屑，主要是靠它的黏稠性，黏稠性越好,泥浆悬浮和携带钻屑的能力越强;对于易塌的孔道,利用比较黏稠的泥浆还可以起到较好的护壁作用。仅从这两点考虑,泥浆的黏稠性和动剪切力应取高值。但是,泥浆的黏稠性太大又有不利的一面,主要表现在:增加了泥浆流动的阻力,增大了泥浆对孔壁的压力。因此,不能盲目增大泥浆的黏稠性,而应根据具体地层条件,兼顾多方面的情况,确定合适的泥浆黏度和动切力。

在实际施工中,对泥浆的性能控制主要是控制密度、黏度和固相含量。当孔内情况有所改变时,应及时调整这些参数。其中,泥浆的密度和黏度取决于返浆的固相含量。为保证孔道的清洁通畅,同时节约泥浆用量,返浆的固相含量应保持在 20%~25% 范围内。返浆的固相含量高于 25% 时,应适当降低供浆的黏度或提高泵量;返浆的固相含量低于 20% 时,可适当降低泥浆的泵量。

(3)泥浆的配制工艺。

如前所述,水平定向钻穿越使用的泥浆是由清水+优质黏土+处理剂经搅拌而成的混合物。为使泥浆固相尽可能地在较短时间内完全水化,配置泥浆时,固相材料通过高速流动的水携带进入搅拌罐,在搅拌罐的搅拌下进行水化作用,水化好的泥浆泵入储灌。

9.3.3 复杂地质条件下的泥浆工艺

(1)孔壁稳定性。

在特殊河流堤坝、铁路、公路等穿越处,由于穿越的特殊性,扩孔孔径一般为穿越管径的 1.5 倍,致使扩孔过程中及管线回拖成功后若泥浆不能平衡地层压力,管壁周围存在的环形空间,都有可能发生管涌、塌陷等安全隐患,如图 9-30 所示。

图 9-30 地表塌陷

常见采取的措施是：目前拥有专业从事水平定向钻穿越泥浆技术研究的泥浆公司，针对复杂地质条件下的固孔主要采取局部范围注水泥浆的方式，沿用油田钻井中的固井技术，由专业固井公司来完成，加上其采用先进的检测仪器，在水平定向钻穿越复杂地层及特殊河流堤坝防止管涌等领域有一定的应用。但由于水泥浆具有固化后收缩率高（5％～7％），固化时间及强度难以控制等特点，易引起固化时间过短、固化强度过高而难以实施定向钻进；另外需要大量价格昂贵的外加剂和高投入装备的专业固井公司，其技术引进的可行性较差。

（2）跑冒浆问题。

在水平定向钻施工时，由于地质复杂，要求提高泥浆黏稠性和流动性，以便提高携带钻屑的能力，但相应也加大了泥浆对孔壁的压力，易造成孔壁破坏，严重时会出现地面冒浆（见图 9－31），对施工工期、质量、环保极其不利。

图 9－31　地面冒浆

常见采取的措施是：降低泥浆黏度，减少泥浆注入量，快速通过冒浆地层，同时加入添加剂，以便在孔壁形成泥浆桥架结构，减少漏失量。但实际情况是控制配比较难，同时选用合适的添加剂不易掌握。

（3）废弃泥浆的处理。

穿越时，出、入土点都得开挖一处面积较大的泥浆池，以便存放从孔内还回的泥浆，但是穿越回拖后泥浆池内废弃泥浆处理非常困难。随着国家环保要求的日益提高，废弃泥浆处理也成为工程建设中的一项重要工序。

常见采取的措施：由环卫部门拉运至指定地点，由业主或承包商支付处理泥浆的高额费用,同时废弃的泥浆池泥浆也不能保证耕地指标;聘请专业泥浆处理公司,将废弃泥浆进行固化后达到环保要求,但使用的固化泥浆添加剂大多是进口的,供货周期长、价格高,可行性低。

9.3.4 水平定向钻穿越泥浆固化技术现场应用试验

(1) 试验简介。

川气东送管道工程京杭古运河穿越位于南洋荡村东侧。根据本工程特点及施工要求,投入本工程的主要施工设备为 DD-1100 水平定向穿越钻机(最大回拖力为 500 t)及配套设备,管线采用 X70 材质的 $\phi 1016$ mm 直缝埋弧焊钢管,穿越水平长度为 730 m,穿越实长为 732.37 m。京杭古运河河面总宽度约 70 m,最大水深约 4.1 m,管道从河床底下 19.6 m 处穿越,最大深度为 23.7 m。管道穿越的主要地层为粉质黏土层。

工程配套的泥浆混拌系统采用混配泥浆,每小时混配量大于 60 m³。

工程施工用京杭古运河河水,水源充足,水质符合泥浆混配要求。由于泥浆混配量大(见图 9-32),要求泵排量能够满足供应配浆用水。

图 9-32 待处理的废弃泥浆

(2) 固化泥浆应用原理。

泥浆是解决非开挖施工中重要的技术措施之一,穿越经过的地层主要是粉质黏土层,针对施工工序采用不同的泥浆配比。

依据粉质黏土层特性,选用复合型泥浆进行止水、护壁、防塌。"HL 泥浆专用复合剂"为复合型泥浆材料,采用优质膨润土和具有各种性能的胶体化学材料预先进行处理,到达现场后,只需短时间的搅拌即可使用,这些胶体化

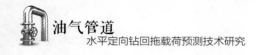

学材料很快就能起到应有的作用。

水平定向钻钻孔洞壁的稳定性从以下几个方面得以保证：

①悬浮稳定：非开挖施工是通过非开挖机械设备，在地下掘进的同时注入泥浆，悬浮的细颗粒钻渣使浆液密度升高并填充钻孔空间，平衡地层压力。

②支撑稳定：HL产品在现场配成浆液后，其材料中带正电荷的胶体粒子与带负电荷的膨润土胶体粒子极水化后会形成复合体，这种复合体浆液具有固/液双重性，即静止时表现固态性质，经剪切扰动时表现为液态性质。这种静止时的固态性质有利于支撑土体稳定。

③止水稳定：HL产品浆液渗透到粉质黏土层，其材料中的膨胀材料遇水膨胀将间隙内的自由水排除，降低开挖面周围土层含水量，有利于开挖面稳定。

④泥饼稳定：材料中的高分子聚合物选择性吸附施工时掘进土层的细颗粒钻渣，使浆液的颗粒级配变宽，形成的泥饼致密柔韧，有高分子聚合物存在的泥饼中形成网架结构，增加了其强度。

（3）主要施工技术措施。

孔壁稳定要求泥浆的漏斗黏度越高越好，但过高的漏斗黏度会增加回拖力，因此漏斗黏度应控制在45~60 s。

导向钻进前，在泥浆混配罐中加入清水至罐容量的2/3，启动搅拌器后再启动剪切泵，剪切泵运行正常后打开加料漏斗缓慢加入HL泥浆复合剂。关闭加料漏斗，向泥浆混配罐中加入清水至有效容量。泥浆在混配罐中混配后使漏斗黏度控制在50~55 s。导向钻进开始时先启动泥浆输送泵，导向钻进推进和回转。泥浆都要保证正常输送。导向钻进砂性土时推力过大会造成导向曲线偏离正常值，应及时加大泥浆泵流量，发挥水动力协助导向钻进。

扩孔施工时，泥浆在混配罐中混配后使漏斗黏度控制在50~60 s。管道回拖时，按扩孔泥浆工艺进行泥浆混配，使漏斗黏度控制在45~50 s。

（4）现场混配测试。

2008年8月26日至8月30日，施工现场进行了2项测试：

①水平定向钻穿越泥浆固化技术降低穿越施工过程中的泥浆漏失、冒浆及固孔现场试验。

A. 2008年8月26日23：05停止回拖主管，此时尚差11根钻杆（约105 m）完成管道回拖。

B. 23：10配制泥浆19 m³，泥浆黏度为32 s（见图9-33）。

图9-33 工作人员进行泥浆黏度测试

C.23：15开始用吊车吊固化剂进行添加，第一袋固化剂因受潮结块，下灰不顺，耽搁很长时间，添加半袋后弃之不用。随后挑选加入未受潮的两袋固化剂，此时已经停工一个多小时，如图9-34、图9-35所示。

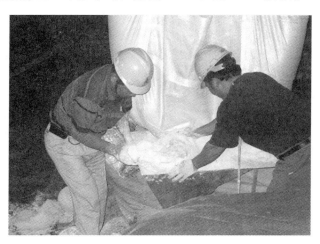

图9-34 添加第一袋固化剂

图 9－35　后续固化剂的添加

D. 2008 年 8 月 27 日 0：10 将 8 桶（40 kg/桶）集合剂添加至泥浆罐中（见图 9－36）。

图 9－36　向泥浆罐中添加集合剂

E. 0：33 恢复主管线回拖，1：55 管道回拖结束（固化剂添加量为 13.16%，集合剂添加量为 1.26%）。

F. 固化剂与水混合后，在其表面将发生轻微的水化反应，使其部分物质溶解和水化，但进一步水化则被固化剂玻璃体表面的低渗透保护膜所阻止，使水不能进入玻璃体内，因而玻璃体内的 Ca^{2+}、Mg^{2+} 也不能渗出。这与水泥不同，水泥遇水后，水泥中的游离 CaO 立即与水发生反应并生成 $Ca(OH)_2$。

固化剂的水化反应只有在集合剂（见图 9—37）存在的情况下才能较快地进行，这主要是由于集合剂中的离子破坏固化剂玻璃体表面，使其进一步水化。随着水化的进一步深入，浆体中硅酸钙（C—S—H）凝胶不断生成并沉积，使浆体逐渐变稠并硬化，从而完成转化过程。

图 9—37 集合剂的型号

G. 2008 年 8 月 27 日 9：10，管道回拖成功后，检查试验结果，如图 9—38 所示。

图 9—38 固化试验的测试效果

②穿越废弃泥浆就地进行有效固化处理现场试验。

A. 2008 年 8 月 30 日 9：05 用挖掘机搅拌地面泥浆池的废弃泥浆（见图 9—39、图 9—40）。

图9-39　挖掘机搅拌废弃泥浆

图9-40　搅拌后的泥浆池

B.9：55开始加入GH-2A还原粉ZX-1用增效剂15 t至泥浆池（见图9-41、图9-42）。

图9-41 向泥浆池中添加增效剂

图9-42 增效剂的型号

C.用挖掘机把GH-2A还原粉ZX-1用增效剂与泥浆进行搅拌,如图9-43所示。

图9-43 搅拌废弃泥浆与增效剂

D.11：50 在泥浆池上覆盖原土，如图 9−44 所示。

图 9−44　在泥浆池上覆盖原土

E.12：35 施工结束（见图 9−45）。

图 9−45　试验结束后的地貌

9.3.5　泥浆固化技术效果评价与应用前景

（1）泥浆固化技术应用效果。

①固化泥浆为复合型泥浆，施工现场不需要再添加任何其他泥浆添加剂，目前常用的泥浆混配设备 5～20 分钟就可配好一罐浆液。

②固化泥浆具有良好的触变性能，提高了泥浆支撑、悬浮、携带能力。混配好的泥浆在泵送流动时，呈现出良好的流动状态，泵送阻力小，当停止泵送后，呈现出凝胶（固态）状态，将孔中的岩屑悬浮起来，保证孔底不产生沉

积，并将岩屑携带出孔外。

③固化泥浆具有良好的颗粒级配，可在开挖面快速形成稳定致密的泥饼，提高"粉质黏土"的密封性而降低其渗透性，防止开挖面垮塌。

④固化泥浆中的"膨胀剂"在液体压强下进入"粉质黏土"可止水，并相对降低开挖面周围土层含水量，使之产生了可塑变形的特性，这将提供平滑可控的支持压强并且提高孔壁的稳定性。

⑤固化泥浆 pH 值小于 8.5，使用量小于普通膨润土泥浆材料，劳动强度低，对地下水和周边污染小，作业环境好。通过取样化验，验证穿越废弃泥浆就地固化处理的有效性及环保指标达到了预期的效果。

（2）泥浆固化技术的经济效益分析。

以和尚荡水平定向钻穿越工程、南官荡水平定向钻穿越工程及京杭古运河水平定向钻穿越工程为例进行工程成本分析。

①和尚荡水平定向钻穿越工程。

A．泥浆外运费用。

委托嘉兴市工程服务队（嘉兴市环卫生处下属单位）将和尚荡水平定向钻穿越施工中出、入土点场地所产生的泥浆全部拉运出去进行处理，并开具当地镇、村拉运泥浆环保证明，拉运泥浆共 4200 方，按 50 元/方计算，共计 210000 元整。

B．冒浆补偿费用。

在进行和尚荡水平定向钻穿越施工过程中，由于不可预见因素造成穿越中心线上鱼塘（244.25 亩）及虾塘（15.55 亩）内冒浆，对鱼塘养殖损失、泥浆清理等进行补偿，共计 229000 元整。

泥浆冒浆补偿及废弃泥浆处理费用总计 439000 元整。

②南官荡水平定向钻穿越工程。

A．泥浆外运费用。

委托嘉兴市工程服务队（嘉兴市环卫生处下属单位）将南官荡水平定向钻穿越施工中出、入土点场地所产生的泥浆全部拉运出去进行处理，并开具当地镇、村拉运泥浆环保证明，拉运泥浆共 1700 方，按 50 元/方计算，共计 85000 元整。

B．冒浆补偿费用。

在进行南官荡水平定向钻穿越施工过程中，由于不可预见因素造成穿越中心线上珍珠塘（40 亩）冒浆，按 2000 元/亩计算，对珍珠塘养殖损失补偿 80000 元整、泥浆清理补偿 10000 元整，共计 90000 元整。

泥浆冒浆补偿及废弃泥浆处理费用总计 175000 元整。

③京杭古运河水平定向钻穿越工程。

A. 哈利泥浆复合剂费用

废弃泥浆固化剂 15 吨，单价 2800 元，共计 42000 元。

泥浆固壁材料费用：材料固化剂 10 吨，单价 2650 元，共计 26500 元；集合剂 0.7 吨，单价 5080 元，共计 3556 元。

复合堵漏剂 5 吨，单价 3100 元，计 15500 元。

以上几项合计费用为 87556 元整。

B. 冒浆补偿费用。

在进行京杭古运河水平定向钻穿越施工过程中，由于不可预见因素造成穿越中心线上居住民房附近冒浆、龙虾塘内冒浆、田地内冒浆，对其损失及泥浆清理等进行补偿，共计 22000 元整。

配备泥浆、泥浆冒浆及泥浆固化处理费用总计 109556 元整。

由此可见，使用固孔及泥浆固化处理的京杭古运河穿越工程，大大降低了工程成本，减少了环境污染（见图 9-46）。

图 9-46　京杭古运河穿越工程现场

（3）泥浆固孔技术应用前景。

①通过固化泥浆技术的研究与应用，将非可钻性地层转化为可钻性地层，顺利完成管道水平定向钻穿越施工任务，从总体上节约工程投资，缩短施工周期。

②在特殊河流堤坝穿越处、铁路、公路穿越处，可采取边回拖边泵送固化泥浆的方式，经过一定时间段后进行固化，消除铺管穿越河流堤坝、铁路、公路后引起的后期管涌、塌陷等安全隐患，并可完全避免采用地面注水泥浆固孔方式带来的定位不准、易破坏管道防腐层甚至管体、投资高等弊端。

9.4　本章结论

根据对长距离粉细砂层、岩石层、以及水网地区三种地质条件下的水平定向钻穿越工程案例分析，控向工艺、泥浆应用、钻具组合是水平定向钻施工过程中的三个关键环节。砂层成孔性能差，且泥浆漏失量大，施工中需重点监控泥浆的应用效果；岩石层地质条件多变，易存在溶洞等极端恶劣情况，施工中需准确掌握地质资料，精确控制钻进方向，避开障碍物；水网地区地层抗压能力弱，易出现泥浆异常返回问题，开发专用的泥浆固化技术不仅可保障穿越工程的顺利实施，还可降低泥浆对环境的污染问题。分析中得到以下结论：

（1）砂层承载能力较差，实施水平定向钻穿越时钻孔轨迹的控制难度高，应加大控向检测频率，确保钻进轨迹符合设计曲线；水平定向钻穿越砂层时，导向孔孔壁的稳定性差，容易出现孔壁坍塌，泥浆配制中应增大固壁剂用量，提高孔壁稳定性，同时还应增大降失水剂用量并确保充足的泥浆泵泵量，维持良好的泥浆流变性以清理导向孔中钻屑；回拖载荷预测结果表明，在现场可有效控制的工艺参数中，管道与地表间摩擦系数、扩径比对回拖载荷有重要影响，施工中应针对此两项参数制定减阻工艺。

（2）穿越岩层时需采用泥浆马达进行导向孔施工，为避免磁场干扰，控向信号源离钻头的距离要比普通软地层施工时长 15～16 m，加长了控向作业盲区，增加了控向复杂程度，施工中通过增加控向检测频率予以应对。在软土层与卵石层、卵石层与岩石层、软岩层与硬岩层的结合部位，钻具容易发生偏移，从软地层到岩石层、从软岩到硬岩过渡段采用的施工方法为：首先放慢钻进速度，减小钻进推力（或拉力），调低钻机的旋转速度，待钻头（或扩孔器）进入硬地层 1～1.5 m 后，再加大钻进推力（或拉力），调整钻机的旋转速度，防止速度过快造成钻进曲线偏离预定轨迹。

（3）研发的泥浆固化技术从 3 个方面提高了泥浆的应用效能：①令泥浆具有良好的触变性能，提高了泥浆支撑、悬浮、携带能力：混配好的泥浆在泵送流动时，呈现出良好的流动状态，泵送阻力小；当停止泵送后，呈现出凝胶（固态）状态，将孔中的岩屑悬浮起来，保证孔底不产生沉积，并将岩屑携带出孔外。②固化泥浆具有良好的颗粒级配，可在开挖面快速形成稳定致密的泥饼，提高"粉质黏土"的密封性而降低其渗透性，防止开挖面垮塌。③固化泥浆中的"膨胀剂"在液体压强下进入"粉质黏土"可止水，并相对降低开挖面周围土层含水量，使之产生了可塑变形的特性，这将提供平滑可控的支持压强并且提高孔壁的稳定性。

结　　论

　　本书对水平定向钻管道穿越的回拖载荷预测理论进行了系统深入的研究，在对比评价现有回拖载荷预测方法的基础上，全面考虑回拖阻力的各项组成部分，贴近工程实际建立物理模型并推导出对应的数学模型，建立了一种新的回拖载荷预测模型，并分析了预测计算所需初始参数的确定方法，编制了回拖载荷预测分析软件，通过工程实例数据评价了本书预测方法的准确度与可靠性，讨论了各项初始参数对回拖载荷计算的影响规律、敏感性以及各项回拖阻力对回拖载荷的贡献权重，最终根据上述研究成果提出了穿越工程施工中安全可行的回拖减阻技术。全书的主要结论如下：

　　（1）在总结已有回拖载荷预测方法的基础上，全面分析回拖阻力的四项组成部分（管道重量及由此引起的管土摩擦力、导向孔方向改变引起的阻力、泥浆拖曳阻力与钻柱承受的阻力），采用解析方法建立了一种新的回拖载荷预测模型，其创新之处包括：①采用 Winkler 土体模型描述土壤，回拖过程中土壤提供弹性支撑，计算管道弯曲效应引起的阻力时，通过迭代法确定管土间法向作用力与管土接触点在法向上的位移；②采用幂律流体模型描述泥浆，将泥浆流动简化为幂律流体在同心环形空间中且内管存在轴向运动的稳定流动，根据不可压缩流体的动量方程，推导了圆柱坐标系下泥浆压降、流量与泥浆速度分布之间的控制方程，采用数值计算方法进行迭代运算可确定速度分布规律，进而求解泥浆拖曳阻力；③首次将钻柱承受的阻力纳入分析，包括钻柱重量及由此引起的杆土摩擦力、导向孔方向改变引起的阻力与泥浆拖曳力，建立了预测卡盘处回拖载荷的新方法。工程实例分析表明，本书回拖载荷预测模型具有较高的准确度与可靠性。

　　（2）结合提出的回拖载荷预测模型，讨论了目前仍无法根据现场条件精确确定的三项初始参数的确定方法：①导向孔的实际横截面为不规则圆形且存在整体超挖现象，基于椭圆形假设，令导向孔半径的设计值为短半径，长、短半径之差等于各测量点 $(b-a)_i$ 中的最大值，进而计算导向孔扁率，根据阿尔伯塔大学开挖观测数据计算得出的导向孔扁率范围为 $0.03 \sim 0.21$。②采用幂律流体模型分析泥浆流动问题，计算泥浆压力梯度的精度高于采用 Bingham 流体模型的 Baroid、SPE 经验公式；根据流变剪切实验数据回归流变参数（K、n）进而计算泥浆压力梯度时，采用高剪切速率下（300 rpm、600 rpm）实验数据的计算精度明显高于低剪切速率下（6 rpm、100 rpm）实验数据。③地表面管土摩擦系数 μ_g 为一项等效阻力系数，在回拖起点可根据实测值采用本书回拖载荷预测方法反算 μ_g 并用于后续回拖载荷的预测计算。本书回拖载荷预测方法中使用的导向孔内管土摩擦系数 μ_b 为符合库伦摩擦定律的摩擦系数，计算中可直接采用 EI–Chazli 的实验测定结果。

（3）首次定义木楔效应以表征土壤对管道的包夹作用并在回拖载荷计算中引入木楔效应系数考虑其影响。管土相互作用过程中，土壤除提供垂直方向上的支撑力外，在水平方向上也存在一对大小相等、方向相反的支撑力，管道受力状态与木楔钉入孔中时木楔的受力状态相似，因此将该现象称为木楔效应。尽管水平方向上的合力为零，但支撑力对管土间摩擦力有贡献作用，将管土间作用力与管土间作用力在垂直方向上分力的比值定义为木楔效应系数，在导向孔内管道重量引起的管土摩擦力、导向孔方向改变引起的阻力、钻柱承受的阻力计算中均需考虑。木楔效应的影响因素包括管道几何尺寸、管材弹性模量、土壤物性参数、外载荷、扩径比、导向孔扁率等，木楔效应的有限元模拟分析结果表明，外载荷增大、扩径比减小、导向孔扁率增大均可增大木楔效应系数。

（4）各项特征参数按照非线性关系影响回拖载荷的计算，特征参数敏感性分析表明，穿越曲线结构、扩径比、管土摩擦系数、泥浆密度对回拖载荷影响较大，导向孔扁率、回拖速率、泥浆流量等参数的影响较小。导向孔实际轨迹与设计曲线之间的偏差超出临界点后会引起管道弯曲效应，迅速增大回拖载荷；扩径比对回拖载荷影响存在一个临界点，将影响区域分为两部分，即敏感区域与非敏感区域；地表面管土摩擦系数对回拖载荷的影响随安装长度的增加逐渐减小直至为 0，且对回拖载荷的整体变化趋势有影响，可改变回拖载荷最大值出现位置；实例分析中，回拖起点附近，回拖载荷随泥浆密度的增大而减小，此后随泥浆密度的增大而增大，这是由于泥浆密度通过影响管道、钻柱在导向孔中的沉没重量而影响回拖载荷。回拖阻力的各项组成部分对回拖载荷的贡献权重是随安装长度动态变化的。

（5）穿越工程选线时，应将保证导向孔孔壁稳定性作为首要目标，尽量避开水敏性地层与机械分散性地层等不利地层。设计穿越曲线时应优先通过地基反力系数较大的地层，尤其对于管土间存在较大相互作用力的区段。穿越曲线

优化设计的优化目标应为减小回拖载荷、预防管道在回拖过程中失稳破坏。采用本书预测模型求解不同扩径比下的回拖载荷预测值，扩径比影响回拖载荷的敏感区域与非敏感区域的分界点为最优扩径比。纠偏长度是纠偏工艺的关键控制参数，根据管道弯曲效应的分析方法计算不同纠偏长度对应的管土作用力，不会引起管土作用力骤增的最小长度为合理的纠偏长度。算例分析表明，管道入土点拐角处存在较强的绞盘效应，可大幅提高回拖载荷，提出一种弱化管道入土点处绞盘效应的减阻技术——滚轴减阻技术。

主要参考文献

[1] 顾晓鲁，钱鸿缙，刘惠珊，等.地基与基础 [M].3 版.北京：中国建筑工业出版社，2003：138—151.

[2] 郭书太.黄河定向钻穿越事故分析 [J].油气储运，1998，17（11）：32—35.

[3] 何利民，高祁.大型油气储运设施施工 [M].东营：中国石油大学出版社，2007.

[4] 蒋国盛，张家铭，窦斌.定（导）向钻进的轨迹设计 [J].地质与勘探，2000，36（2）：13—15.

[5] 刘刚，徐舟，罗京新，等.定向钻穿越回拖管道径向变形原因分析 [J].油气储运，2008，27（2）：60—61.

[6] 鲁琴.非开挖水平定向钻进轨迹设计与调控技术研究 [D].长沙：国防科技大学，2004.

[7] 肖瑞金，王智勇，裴克君.定向钻穿越回拖大口径管线的发送技术 [J].非开挖技术，2009，26（4）：17—19.

[8] 杨春，陈逸.有地下障碍物的非开挖导向钻进钻孔轨迹优化设计 [J].探矿工程，2001（增刊）：115—118.

[9] 叶文建.水平定向钻管道回拖施工中的动态注水平衡技术 [J].石油工程建设，2007，33（4）：31—32.

[10] 张汉跃.浅谈水平定向钻管线回拖就位过程减阻技术措施 [J].能源与环境，2009（1）：112—113.

[11] 周从明.非开挖水平定向钻进轨迹最优化研究及软件设计 [D].成都：成都理工大学，2004.

[12] 宗全兵，张祖培，李月莲.非开挖导向钻进钻孔轨迹的优化设计 [J].西部探矿工程，2000，64（3）：93—94.

[13] Allouche E N，Baumert M E. Application of statistic in estimating pulling loads for HDD installations [EB/OL]. [2017—05—08]. http：//

www. nastt. org/store/technical _ papersPDF/91. pdf.

[14] Ariaratnam S T，Harbin B C，Stauber R L. Modeling of annular fluid pressures in horizontal boring [J]. Tunnelling and underground space technology，2007，22：610—619.

[15] Baumert M E，Allouche E N，Moore I D. Drilling fluid considerations in design of engineered horizontal directional drilling installations [J]. International journal of geomechanics，2005，5（4）：339—349.

[16] Cheng E，Polak M A. Theoretical model for calculating pulling loads for pipes in horizontal directional drilling [J]. Tunnelling and underground space technology，2007，22：633—643.